MENYA MUSASHI

麵屋武藏

職人魂究極拉麵調理技法

瑞昇文化

麵屋武藏 MENYA MUSASHI
職人魂究極拉麵調理技法

麵屋武藏的精髓 ～變化與挑戰～ … 006

麵屋武藏 ～只此才有的好味道～ ——— 011

閱讀本書之前

■ 烹調過程所述加熱時間及加熱方式為各店烹調用具展示出來的相應結果。

■ 書中收錄的各店食譜及作法為攝影採訪當下版本。其烹調方式及選用的食材可能會做出改良，請將其理解為各店完善作法與想法的進程。

■ 書中表記的各店供應價格（含稅）為本書採訪當時價格，僅供參考，請以最新售價為準。

CONTENTS

金乃武藏 ～何謂金乃武藏～

「麵屋武藏」的精髓

～變化與挑戰～

創始人 **山田 雄**

採用時髦的燈光照明

率先以「麵屋」作為商號

擺放筷子與濕紙巾的收納筒也很時尚

採用精緻的碗碟

在業界掀起數個新風潮

「麵屋武藏」創業於 1996（平成 8）年 5 月，於東京青山開立了一家十坪大小，內有十三個座位的店鋪。開業之際便是平均 1 天來客數達 350 人的排隊名店，受歡迎的程度更使其受到了諸多關注，進而在拉麵業界裡掀起無數新風潮。其中更是確立起了不少拉麵業界的通用準則。

例如「麵屋」這樣的商號。在當時 1996 年拉麵業界普遍以「ラーメン」、「らーめん」（拉麵）以及「支那そば」（支那麵）一類名稱為商號的時候，正是「麵屋武藏」率先以「麵屋」作為商號，甚至連「風格時尚的拉麵店」也是起源於該店。開創先河在店內播放爵士樂、依顧客性別提供不同顏色的玻璃水杯、全體店員謹記隨時提供圖案成套的拉麵餐具同樣也是「麵屋武藏」。

把秋刀魚乾這類較鮮為人知的食材拿來熬成高湯，在拉麵的製作中不斷放眼新食材亦是麵屋武藏帶起的新風潮。

其中率先開創出以沾麵為主打的拉麵店也是於 2006 年 12 月開業的「麵屋武藏 武骨外傳」分店。沾麵在拉麵熱潮最盛行的 2001 年前後仍處於點餐率不足來客數一成的窘境，但該家店鋪卻已著眼於沾麵的可能性。如今沾麵的點餐率在該店已然遙遙領先於拉麵。

用特別訂製的煮麵杓煮麵

在各店鋪活用最新烹調設備

「麵屋武藏」的經營方式

在烹煮拉麵的過程中向顧客展現用力瀝乾麵條水分的動作同樣始於「麵屋武藏」。如今店內員工在撈起麵條、瀝乾麵條水分的時候也會一齊發出「唷咿咻！」、「嚇呀——!!」的喊聲。這樣的舉動既是全體員工朝氣蓬勃工作的體現，也是期望能以此提高顧客興致，帶動顧客愉悅心情的表現。喊出聲音的做法並不是由誰提出才開始的，而是在不知不覺間、自然而然地在各分店間流傳開來的。是「麵屋武藏」店內風氣之下催生出來獨樹一幟的風格。而後仿傚這樣喊出聲的拉麵店也隨之增加。

為了維持員工的朝氣，營造出易於工作的環境也非常重要。「麵屋武藏」同樣也是最先採用在下方安裝了放水閥的特別訂製款湯鍋，讓員工在熬製高湯的時候也可以無須端起沉重的湯鍋。過濾高湯用的用具也同樣使用易於雙手提握的特別訂製款過濾用具。能夠 1 次性燙煮大量沾麵用麵條的方形煮麵杓也是特別訂製款。以大湯鍋為首的一應烹調用具都會在使用完畢之後，清洗得亮潔如新。乾淨整潔的廚房也是員工活力滿滿的動力來源。

特別訂製的大湯鍋與過濾用具

廚具用完立即清洗，維持亮潔如新

追求「創新的高品質」

東京新宿的「創始 麵屋武藏」於 1998（平成 10）年 5 月開業。並於同年夏季開始推出「季節限定款」拉麵。該店在當時拉麵店只會在夏季推出中華涼麵這種季節菜單之際，就率先推出了每年四道的春夏秋冬限定款拉麵。其創始人山田雄在當時的雜誌訪談中曾提及：「或許有人會認為這不是拉麵。但如果不付諸行動就不會有所改變。我們不可以甘於現狀。想要持續進步就要日夜不輟地為其付出努力。」（旭屋出版 MOOK《麵料理》拉麵特輯 2000 年 11 月刊）。

也勇於挑戰蔬食拉麵

發展旗下各店
「只此才有的好味道」

「麵屋武藏」至今主要聯名合作過的企業

2009 年 2 月
在與樂天製所「迦納巧克力」情人節聯名活動企劃中，推出「味噌迦納拉麵」、「迦納沾麵」等商品。

2012 年 4 月
與 APA 集團合作，推出聯名商品「APA 社長拉麵」。

2015 年 10 月
推出與卡樂比富果樂水果麥片聯名款拉麵，於旗下新宿店、六本木店、秋葉原店三家店鋪每日限定販售十五碗。

2018 年 6 月
於「麵屋武藏 武骨外傳」（澀谷）限定販售與江崎固力果杏仁果飲聯名合作的「冰鎮杏仁果飲沾麵」（冷やしアーモンドつけ麺）。

2017 年 8 月
與三島食品聯名推出於濱松町店店限定販售的「紫蘇中華涼麵」。

2019 年 2 月
與樂天製所聯名推出僅在「麵屋武藏 濱松町店」數量有限的情人節拉麵「亥迦納 2019」。

雖然如今推出「限定款拉麵」的拉麵店已不算罕見，不過率先推出限定款拉麵的「創始者」正是「麵屋武藏」。

他們會和食品大廠聯名合作，也會共同開發製作出「前所未聞的創新拉麵」。十分重視「革新挑戰」的「麵屋武藏」絕非只是在一味地模仿，而是會不斷地提出創新提案。尋求「革新」的同時也不忘追求「高品質」。這裡所說的「高品質」並不單指每一項新構思食材的「高質量」，而是就連服務、店鋪氛圍、商品本身都讓顧客從中感受到其品質之高。本書第 206 頁所介紹的「金乃武藏」正是「麵屋武藏」追求「創新的高品質」之際誕生出來的系列拉麵。

難以比擬的獨創性

拉麵業界發展出了各式各樣的風潮，挑戰創新風味的拉麵店也有所增加。「麵屋武藏」並不會否認這樣的風潮。雖然不至於無視，但也不會做出效仿別家拉麵店的行為或供應同款商品。這是因為模仿創造不出新價值。將不可能化為可能才能從中孕育出價值。「金乃武藏」在與企業聯名開發新菜單的時候，更是尤為重視這一點。

「海老鮮蔬湯麵」（P.9）的蔬食拉麵不論高湯還是配料都是由蔬菜製成。推出這款僅選用一流飯店也採購的栃木縣海老原農場（海老原ファーム）蔬菜，將合計約 300g，分別經過炸、炒、燉煮過的蔬菜擺放在拉麵上面的限定款拉麵。

「玉露拉〜麵」（P.10）則是把玉露茶作為高湯使用。選用靜岡縣藤枝市茶農・前島東平所培育出來，連續三年拿下世界綠茶評比會最高金獎的玉露茶葉，推出這款以該茶葉為「高湯」的限定款拉麵。除此之外還與日本藥科大學共同針對花粉症研發出「華爽快拉〜麵」，於新冠疫情盛行之際開發出有助於平衡免疫力的「支持醫療人員 涼麵」，並在今後仍持續不斷探究「難以比擬的獨創性」。

主打「此店獨有美味」的多店發展經營

「麵屋武藏」現今光是在東京都內就擁有十四家店鋪。每家店都會變化出各自的味道與配料，經營出「只此才有的好味道」。所以麵屋武藏從高湯、調味醬到食材都是由各店鋪自行調理，不會透過中央廚房將統一製作好的食材配送到各家店內。麵屋武藏在這方面也如實貫徹「不和其他多店經營企業做一樣的事」的理念。如「麵屋武藏○○」這般附加另一個商號的「主副品牌店」也是由店長自行決定拉

麵的味道與售價。只不過每家分店都擁有一個共同的目標，那便是——「讓顧客吃得高興」。

「麵屋武藏」的經營理念在於「尊重個體，以維繫為宗旨」。這裡的「個人」指的是每個員工，同時也是每間分店。所謂的「尊重個體」便是要尊重其本身的個性。「以維繫為宗旨」指的正是注重彼此之間的聯繫與維繫。每間分店在追求「只此才有的好味道」的同時還要相互提攜，以「讓顧客吃得高興」為共同努力的目標。

而從下一頁開始，本書將為您公開各分店「只此才有的好味道」的烹調工序與食譜。這些調理方法是攝影採訪當下所展示的作法。是每家分店花費許多工夫與無數次調整方能於拍攝當時展現出來的烹調方法。想必「麵屋武藏」今後不僅會持續追求「創新的高品質」與「難

海老鮮蔬湯麵

販售期間 2015 年 4 月 13 日～ 30 日

販售店鋪 創始 麵屋武藏（東京・新宿）

販售價格 1080 日圓（含稅）

作法請參閱第 280 頁

以比擬的獨創性」，其各家分店拉麵所具有的「只此才有的好味道」
亦將會不斷推陳出新。還請大家一同拭目以待他們今後又將如何為這
些收錄於本書中的食譜帶來更加令人眼睛為之一亮的新變化。

玉露拉～麵

販售期間　2017 年 11 月 11 日～ 30 日

販售店鋪　創始　麵屋武藏（東京・新宿）

販售價格　1000 日圓（含稅）

作法請參閱第 284 頁

「麵屋武藏」

～只此才有的好味道～

麵屋武藏 武仁

麵屋武藏 嚴虎

麵屋武藏 武骨相傳

麵屋武藏 虎嘯

麵屋武藏 芝浦店

麵屋武藏 濱松町店

麵屋武藏 五輪洞

創始 麵屋武藏

麵屋武藏 二天

麵屋武藏 武骨

麵屋武藏 虎洞

麵屋武藏 武骨外傳

麵屋武藏 鷹虎

麵屋武藏 神山

不斷革新的
「只此才有的好味道」

展店於創業店青山店開店營運兩年後的1998（平成10）年5月。接替青山店成為「新宿總本店」，並自2020年開始以「創始」之名晉升「麵屋武藏」的旗艦店。該店同時也是限定拉麵金乃武藏的發祥店，亦是奠定「濃厚系」流派的店鋪。傳承創業以來以豚骨為主體的「動物系高湯」、以鰹魚柴魚與魚乾等「魚貝系高湯」的雙湯頭，並持續推陳出新。本書所介紹的里肌肉、香料油、魚貝系高湯作法皆為2021年精心改良過的食譜。

❖ 濃厚武藏沾麵 1230 日圓

其「濃厚」風味來自於以鰹魚柴魚、乾貨熬煮出的濃郁風味，與鮮味十足的魚粉糊調配出來的高濃度沾麵湯底。配合其濃郁湯汁調製出比拉麵更加芳醇且醬香十足的沾麵專用調味醬。冠上「武藏」店名的拉麵內含豬里肌肉片與滷豬肉 2 種配料，而「濃厚武藏沾麵」則是該店最熱銷的一款拉麵。

❖ 武藏沾麵 1180 日圓

繼承「麵屋武藏」創業以來的動物系高湯與魚貝系高湯雙湯頭的沾麵。其中碗約 330g、中碗加
大約 420g、大碗約 500g、2 倍大約 660g、2.5 倍大約 830g、3 倍大約 1kg（以上皆為煮熟後的量）
的麵量皆以相同價格供應，這一點既是「麵屋武藏」的特色，也是其受歡迎的一大原因。

❖ 武藏拉～麵（清爽） 1180 日圓

該店於 2021 年改名為「創始 麵屋武藏」的同時，也把湯頭改良成了向創業初始味道致敬，使用了秋刀魚乾的雙湯頭。作為香料油調配而成的蝦油也做了改良，添加秋刀魚乾提高其與湯頭的對味程度。搭配的豬里肌肉、滷豬肉也做了改良，豬里肌肉以現代化烹調技巧進行低溫烹調，滷豬肉則是採取先蒸後滷的方式以保留豬肉的多汁美味。

W Soup（2018 年版）

W Soup（雙湯頭）裡的動物系高湯至今為止歷經過添加雞骨架熬煮、添加豬豬背脂，又或者是雞絞肉與豬絞肉等諸多改良。魚貝系高湯亦嘗試添加有別於秋刀魚乾的各類乾貨進行風味改良。

魚貝系高湯

材料

小魚乾…2kg、日本鯷魚乾…2kg
羅臼昆布…2.5kg、鯖魚柴魚…1kg
宗田鰹魚柴魚…1kg、飛魚乾…1kg
鰹魚柴魚（中厚切片）…1kg、日本酒…1ℓ

魚貝系高湯 作法

① 將所有材料放入容量 150ℓ 的大湯鍋裡面，倒入清水至 140ℓ 標示處，冷泡 12 小時。
② 冷泡 12 小時以後，開火煮至水溫達 98℃。
③ 維持 98℃ 的水溫熬煮 30 分鐘後過濾。

動物系高湯

材料

豬大腿骨…30kg、豬腳…5kg、豬頭…3kg
雞爪…20kg、豬背骨…10kg、鯖魚柴魚…2kg
紅蘿蔔…4kg、洋蔥…2kg、生薑…300g
大蒜…300g

1 豬大腿骨、豬腳、豬頭依序放入大湯鍋中，加水燙煮。撈除浮沫並倒掉熱水。以自上方淋水的方式邊沖洗邊排水清洗骨頭類食材。

2 加入豬背骨，用水沖洗豬骨並排乾水分。來回清洗 2 次豬背骨。倒入 60℃ 的熱水至 150ℓ 標示處，開大火熬煮。

3 熬煮 6 小時後，加入已解凍的雞爪，再次加水至原水位。

4 熬煮 3 小時後，加入各類蔬菜接著熬煮。期間不時撈除浮出的浮沫。

5 熬煮 1 小時後，加入鯖魚柴魚。

濃厚高湯

在 W Soup 中的動物系高湯裡面加入乾貨更添海鮮濃郁風味,並搭配以玄米油炒過的魚粉增加濃醇度。自 2021 年開始製作以 W Soup 為湯底的濃厚高湯。

材料

W Soup…40ℓ、日本鯷魚乾…0.5kg
鯖魚柴魚…1kg、宗田鰹魚柴魚…0.5kg
玄米油…2ℓ、上新粉…2kg
鯖魚粉…0.2kg、宗田鰹魚乾粉…0.2kg

1 動物系高湯開火,煮滾後加入日本鯷魚乾、鯖魚乾、宗田鰹魚柴魚,維持 98℃ 的水溫熬煮 1 小時。

2 在另一個鍋中加熱玄米油,倒入魚粉翻炒。讓香氣滲入油中。

6 約熬煮 2 小時以後關火,連同湯鍋一同靜置至次日再做過濾。

7 次日開火煮滾後關火再做過濾。將此動物系高湯與魚貝系高湯以一比九的比例調配成雙湯頭備用。

3 香味炒出來以後，加入上新粉，整體緩緩混拌均勻。

4 熬好的步驟 **1** 邊過濾邊倒進步驟 **3** 裡面，將步驟 **3** 的魚粉糊與高湯充分混合均勻。

W Soup（2021 年版）

如店名自「新宿總本店」改為「創始 麵屋武藏」的「創始」所示，將湯頭改良成使用了秋刀魚乾向創業初始湯頭致敬的新版雙湯頭。

材料

純淨水…40ℓ、雞骨架…10kg、豬背骨…10kg
豬背脂…7kg、豬絞肉…1kg
雞胸肉（絞肉）…1kg、蔥綠…200g
洋蔥…1kg、生薑…100g、羅臼昆布耳…300g
乾香菇…100g、冷泡高湯用純淨水…8ℓ
日本鯤魚乾…2kg、秋刀魚乾…1kg
鯖魚柴魚…500g、秋刀魚柴魚…1kg
魚貝系高湯用純淨水…25ℓ

1 豬背骨與雞骨架放入水中浸泡去除血水。

2 羅臼昆布、乾香菇放入水中冷泡 1 晚。

3 僅取冷泡高湯與雞骨架、豬背骨一起開火熬煮。

4 秋刀魚乾、秋刀魚柴魚、日本鯷魚乾、鯖魚柴魚加水冷泡1晚。開火煮至即將沸騰時關火，加進步驟 **3** 之中。接著加入雞跟豬的絞肉。

5 熬煮 2 小時，放入之前冷泡出高湯的昆布與香菇，並於熬煮 1 小時後取出。放入蔬菜熬煮 3 小時，於次日進行過濾。

拉麵調味醬

使用羅臼昆布、蝦乾、乾香菇再加上四種魚乾與 3 種柴魚之外，還添加了 3 種貝類、3 種醬油與蠔油，製作出鮮味濃郁而味道濃醇，與濃厚高湯非常對味的沾麵沾醬。

材料

羅臼昆布⋯1kg、乾香菇⋯0.3kg、蝦乾⋯0.3kg
番茄乾⋯0.2kg、乾燥洋蔥0.5kg
純淨水⋯25 ℓ、本味醂⋯2 ℓ、日本酒⋯2 ℓ
黃砂糖⋯4kg、斑點莎瑙魚乾 [1]⋯1kg
日本鯷魚乾⋯1kg、烤飛魚乾⋯1.5kg
竹筴魚乾⋯1kg、KIKKOGO 醬油 [2]⋯72 ℓ
特選醬油⋯36 ℓ、蠔油⋯2 ℓ、花蛤⋯2kg
蜆⋯1kg、干貝⋯1kg、宗田鰹魚柴魚⋯2kg
鯖魚柴魚⋯2kg、鰹魚柴魚（中厚切片）⋯2kg
田舍醬油⋯1.8 ℓ、味精⋯1kg

※1. 斑點莎瑙魚乾：「平子煮干し」。沙丁魚的一種。
   2. KIKKOGO 醬油：「KIKKOGO 醬油丸大豆醬油」。一款品牌醬油。

1 湯鍋中放入羅臼昆布、蝦乾、乾香菇、番茄乾、乾燥洋蔥和裝入斑點莎瑙魚乾、日本鯷魚乾、竹筴魚乾、烤飛魚乾的高湯過濾袋，倒入純淨水與適量冰塊。黃砂糖溶入煮滾並揮發掉酒精的日本酒與味醂裡，一起倒入湯鍋之中。靜置 1 天冷泡出高湯。

2 次日開火，煮至水溫上升至 95℃ 的時候，加入 KIKKOGO 醬油、特選醬油、蠔油、干貝、花蛤、蜆一起熬煮。

3 再次煮至 95℃ 的時候，加入鯖魚柴魚、鰹魚柴魚、宗田鰹魚柴魚，維持 95℃ 的水溫熬煮 90 分鐘。

4 過濾前取出裝有魚乾與烤飛魚乾的高湯過濾袋。該高湯過濾袋還能繼續冷泡出高湯，故取出來放入過濾用的大湯鍋裡。

5 取出的高湯過濾袋與味精一起放入大湯鍋中，過濾步驟 4 的整鍋高湯。過濾出來的熬湯食材靜置 1 天濾乾水分。有時也會視情況加以活用，風乾來作為熬製蝦油用的材料。

6 過濾完成的次日，分別加入 1.8ℓ 的 KIKKOGO 醬油與田舍醬油，靜置一至 3 天以後再做使用。靜置時，高湯過濾袋仍舊置於湯鍋裡。

沾麵調味醬

以「拉麵調味醬」為醬底，製作出風味與甜味更加濃醇的沾麵醬汁專用調味醬。添加三溫糖與蜂蜜令甜味更富層次。醋的少許分量差異就會改變調味醬的味道，所以需要精準計量後添加。

材料

拉麵調味醬…20ℓ、田舍醬油…1ℓ
味精…1kg、三溫糖…5kg
蜂蜜…1ℓ、金將（米醋）…0.8ℓ

1 將三溫糖、蜂蜜與味精加入拉麵調味醬裡面，開火烹煮 4 分鐘讓砂糖充分溶化，接著關火加入醬油以突顯醬油的風味。

2 將精準計量好的 200㎖醋加進 4ℓ 的步驟 1 裡面。每次調配的時候都要先分成小部分，以相同的比例與醋調合。

叉燒調味醬

製作叉燒所用的醃漬調味醬，也會用於筍乾的調味當中。叉燒（滷豬肉）用的滷汁為前1次醃肉用的調味滷汁2ℓ，再加上新製作的叉燒調味醬500㎖以及水500㎖。

材料

上星醬油…18ℓ、上白糖…8kg
味精…0.5kg、吞み藏（日本酒）…3.6ℓ
味酥…3.6ℓ、蠔油…2ℓ、生薑…0.1kg

1 日本酒煮滾揮發掉酒精，加入生薑以外的材料，充分混合均勻。

2 加入生薑以大火煮15分鐘後關火，直接靜置放涼。

香料油

考慮到與湯頭之間的風味搭配，在以日本龍蝦製作香料油、以玄米油與豬肚油熬製蝦油的各種嘗試下，終於在日益改良中製作出最對味的香料油。目前為配合使用秋刀魚乾熬製出來的湯頭，在香料油的製作中也使用了秋刀魚。

材料

沙拉油…1ℓ、秋刀魚乾…200g
甜蝦頭…500g

1 瀝乾水分的甜蝦頭放入130℃的蒸烤箱加熱30分鐘蒸烤出香氣。

豬里肌肉

盛放在麵上面的薄切叉燒肉。使用在叉燒調味醬中添加香料與調味料製作而成的里肌肉調味醬醃漬豬里肌肉，低溫烹調並以噴槍炙烤表面後進行分切。

材料

豬肩胛里肌肉…5大塊、里肌肉調味醬…適量

里肌肉調味醬 材料

純淨水…2ℓ、叉燒調味醬…800㎖、薄口醬油…400㎖
上白糖…300g、鹽…200g、辣椒粉…20g
大蒜粉…50g、白胡椒…40g
味精…30g、煙燻鹽…100g

2 沙拉油加熱至110℃以後，加入步驟 **1** 的甜蝦頭與秋刀魚乾熬煮。

3 大約煮上20分鐘散發出香氣以後關火，直接靜置放涼。

1 製作里肌肉調味醬，把煙燻鹽以外的材料放入鍋中，開火煮至糖與鹽充分溶化。醬汁一煮就滾就關火，在冷卻之後混入煙燻鹽。

2 豬里肌肉塊與里肌肉調味醬一起真空密封以後，冷藏1天。次日取出放到水中浸泡恢復常溫。

3 在真空密封的狀態下放入63℃的熱水中加熱4小時。

4 加熱好以後，立刻放入冰水中急速降溫冷卻。

5 從袋子裡面取出豬里肌肉，用噴槍只炙烤脂肪一側，用切肉機切成 2 mm 厚的肉片。

滷豬肉

相較於能夠品嚐到豬肉嚼勁的「豬里肌肉」，「滷豬肉」則採用蒸煮方式以期能充分享用到豬五花肉的多汁美味。過去也曾使用丹麥產的豬肉，但目前使用的是法國產。

材料

豬五花肉塊…切成 1/4 大小的情況下 4.5 塊的分量
　　　　　　切成 1/8 大小的情況下 9 條的分量
日本酒…適量、蔥綠…3 根＋ 2 根
叉燒調味醬…0.5ℓ、純淨水…0.5ℓ、
前 1 次滷豬肉用調味滷汁…2ℓ、陳皮…500g
乾燥日本柚子皮…1 小罐

1 豬五花肉脂肪一側朝下，不重疊地平鋪於容器之上，噴灑上日本酒並擺上蔥綠，放到蒸箱裡面。

2 豬五花肉以蒸箱加熱 2 小時。混合滷豬肉用的調味滷汁，加熱後關火。從蒸箱裡取出豬五花肉，浸泡到滷汁當中。

3 在滷汁裡面浸泡 3 小時再取出來放涼。分切好以後，在營業期間放入加熱保溫的滷汁裡備用。

筍乾

細條狀的鹽漬筍乾浸水泡發，倒入叉燒調味醬與 W Soup 再充分炒乾水分，避免加到麵裡的時候會對高湯的風味產生影響。

材料

筍乾…6kg、W Soup…1.5ℓ、黃砂糖…0.35kg
味精…0.1kg、叉燒調味醬…1.4ℓ
特選醬油…0.6ℓ、芝麻油…0.15ℓ

1 筍乾浸水泡發，每隔 1 小時換水 1 次，總計換水七次稀釋所含鹽分。

2 加入叉燒調味醬、W Soup、砂糖、醬油等調味料進行調味。

3 一開始先隔 10 分鐘翻炒 1 次，接著隔 7 分鐘翻炒 1 次，最後隔 5 分鐘翻炒 1 次，充分翻炒收汁。

4 炒好以後，淋上芝麻油混拌均勻，關火放涼即可。

麵屋武藏 二天

池袋

東京都豊島区東池袋1―2―4
TⅡビル1階

加倍突顯拉麵、沾麵美味的「炸物」！

「麵屋武藏 二天」開業於 2012 年 9 月，其特色總歸來說還是非「炸物」莫屬。使用與拉麵、沾麵十分對味的調味醬醃漬，再以特殊油炸機炸出來的「豬肉天婦羅」、「雞肉天婦羅」有著其他店鋪享用不到的個性化美味，就連叉燒也是現點現炸。至於「牛肉天婦羅」則是期間限定供應。其他還開展出了各種食材的期間限定油炸商品。標準湯頭使用的是動物系高湯與魚貝系高湯調合而成的雙湯頭，在完成前加入薑汁，製作出跟「豬肉天婦羅」及「雞肉天婦羅」尤其對味的湯頭亦是該店的一大特色。

❖二天拉～麵 1150 日圓

拉麵的標準湯頭使用的是除去血水的豬大腿骨、豬腳與雞爪熬製的動物系高湯，以及用昆布、白碟海扇蛤、魚乾
等海鮮熬成的魚貝系高湯。盛放上店鋪特色雞肉天婦羅與豬肉天婦羅。雞腿肉與豬里肌肉事先個別調味，沾裹上
不同風味的麵衣後現炸，擺放到拉麵上面。為了使湯頭與炸物更加對味，會在湯頭製作完成前加入薑汁增添風味。
香料油則是添加了洋蔥與鰹魚的香氣。

❖ 二天沾麵 1150 日圓

沾麵也是該店在冬季比拉麵更常推出的人氣菜品。製作沾麵用調味醬的時候，在拉麵用的調味醬裡加上魚粉增添香氣與甜味來提高芳醇度，再加進標準湯頭製作成沾麵醬汁。最後再和「二天拉～麵」一樣盛放上現炸的雞肉天婦羅與豬里肌肉天婦羅。

❖濃厚二天沾麵 1200 日圓

以動物系高湯為湯底，加入綜合柴魚粉增添風味，再進一步添加魚乾粉翻炒後混入低筋麵粉製成的魚粉糊提高濃稠度，以利於麵條沾附的濃厚湯汁，再用於製作成沾麵醬汁。濃厚系沾麵醬汁還添加了肉豆蔻、粗粒黑胡椒、一味辣椒粉混合在一起的綜合香料，增加風味的深度。

❖ 辣味二天沾麵 1180 日圓

沾麵醬汁呈現辛辣的紅紅色澤。這道沾麵醬汁的特色在於添加了麻辣味十足的自製辣油，
不僅味道香辣，還帶了點麻感。沾麵的粗麵條更易於沾附辣油，帶來強烈的味覺衝擊。有
些愛吃辣的人甚至會在吃完麵以後加上高湯，享用其中的麻辣美味直至最後一口。

標準湯頭

混合魚貝系高湯與動物系高湯製作出標準湯頭。2種高湯加熱後混合，至於裝入過濾袋裡的生薑泥則待高湯放涼再放入其中，增添薑汁風味與精華。這樣的作法既能維持高湯的澄澈，還可提高豬肉天婦羅、雞肉天婦羅吸附湯汁後享用起來的對味程度。以動物系高湯為湯底可製作出濃厚高湯。

材料

- **魚貝系高湯**
  水…30ℓ、高湯昆布…150g
  白碟海扇蛤干貝乾…300g、魚乾…1kg
  燻沙丁脂眼鯡乾…1kg
  鰹魚柴魚（本枯節）…200g
- **動物系高湯…10ℓ**
  生薑（切末）…800g

1　昆布、白碟海扇蛤干貝乾事先浸水冷泡出高湯。高湯昆布則是放入過濾袋裡再一起冷泡。

2　次日開火，煮至70℃的時候取出裝有昆布的過濾袋。

3　仔細撈除冒出來的浮沫。

4　加入鰹魚柴魚、魚乾及燻沙丁脂眼鯡乾。

5　撈除很快就冒出來的浮沫。熬煮40分鐘，期間仍舊不忘撈除浮沫。煮好關火過濾。

6 過濾好以後，加入加熱好的 10ℓ 動物系高湯，直接靜置放涼。

7 高湯冷卻好以後，放入裝有生薑泥的過濾袋，讓薑汁的風味融入其中。如果不等高湯放涼就放入生薑泥會導致風味減損。

動物系高湯

以豬大腿骨、雞爪、雞骨架為主要材料，添加馬鈴薯、白菜增添甜度與濃稠度的動物系高湯。使用馬鈴薯本身的澱粉來增加濃稠度，可確保濃度的同時又讓風味顯得清爽。此動物系高湯能再與魚貝系高湯加到一起調配出標準湯頭。

材料

豬大腿骨…10kg、雞爪…25kg、雞骨架…20kg
豬腳…5kg、叉燒用豬五花肉…6kg
生薑…200g、大蒜…60g、洋蔥…1kg
白菜…1kg、馬鈴薯…1kg、蔥綠…1kg

1 雞骨架、豬腳、雞爪與豬大腿骨事先泡水 1 天去除血水。

2 去除血水的步驟 1 放入盛滿水的大湯鍋中，開火熬煮。煮滾以後撈除浮沫，適當攪拌。放入製作叉燒用的豬五花肉塊（已浸水去除血水），燙煮 90 分鐘後取出。

3　蔥綠、切片生薑、整顆的大蒜及馬鈴薯放入鍋中，攪拌一下讓蔬菜沉入湯裡。

4　熬煮的時候，每 30 分鐘攪拌 1 次。大約熬煮 2 小時以後，添加 60℃ 的熱水調節水位至 130 ℓ 標示處。大約熬煮 1 小時以後，再次添水至 130 ℓ 標示處。

5　以每 30 分鐘攪拌 1 次的方式熬煮 2 小時以後，蓋上鍋蓋繼續熬煮 2 小時。蓋上鍋蓋熬煮的這段期間不添水也不攪拌。

6　放入白菜與洋蔥，時間縮短至每 15 分鐘攪拌 1 次，將湯汁熬得濃稠。大約熬煮上 1 個小時半，水位下降到 90 ℓ 的時候關火，留待次日過濾。

7　次日再次開火，額外多煮沸 1 次去除蔥綠的味道以後過濾。

濃厚高湯

「濃厚系」同樣也是「麵屋武藏 二天」暢銷榜上的招牌菜品。在同樣用於標準湯頭的動物系高湯裡面添加大量的綜合柴魚以突顯海鮮風味，並藉由加入魚乾風味顯著的魚粉糊，製作出濃稠而滋味濃郁的高湯，調配成容易讓粗麵條吸附的沾麵醬汁。

材料

動物系高湯…30ℓ、綜合柴魚…1kg
低筋麵粉…1kg、沙拉油…1ℓ
魚乾粉…100g

3 炒至魚乾散發出香氣以後，分 3 次加入低筋麵粉。充分攪拌均勻，避免麵粉結塊。

1 開火加熱動物系高湯，煮滾以後加入綜合柴魚。

2 用另一個鍋子製作魚粉糊。沙拉油加熱後，加入魚乾粉拌炒。充分混合均勻，讓魚乾的香氣充分滲入油中。

4 充分攪拌均勻完成魚粉糊以後，放入大湯鍋中。一邊過濾一邊少量加入步驟 **1** 的高湯。充分攪拌均勻以後，放涼直到 20 ～ 25℃ 後保存備用。

拉麵調味醬

拉麵用調味醬。使用添加濃口醬油的魚貝系高湯混合叉燒用調味醬，並進一步加入綜合柴魚，以此增添調味醬所含有的濃郁風味與海鮮風味深度。為了讓調味醬加進濃厚高湯的時候能更加對味，還追加了砂糖與鹽巴，調味醬的風味更能烘托拉麵湯頭。

材料

水…13ℓ、乾香菇…100g
高湯昆布…200g、日本酒…1.8ℓ
上星醬油…36ℓ、叉燒調味醬…2ℓ
綜合柴魚…2kg、鹽…1kg、三溫糖…5kg
中式醬油…1.8ℓ、味精A…2kg
味精B…1kg

3 火力大小以不煮沸為前提，撈除冒出來的浮沫。

4 仔細撈除浮沫之後，加入綜合柴魚。熬煮40分鐘。

1 水與煮滾揮發掉酒精的酒混合在一起，放入昆布與乾香菇冷泡1天。

5 煮40分鐘以後關火，加入砂糖、鹽巴攪拌溶化，直接連鍋一起放涼。

2 次日加入濃口醬油，開小火。

沾麵調味醬

沾麵用調味醬。以拉麵調味將為醬底，額外添加高湯風味與甜味製作而成。製作完成以後靜置1天再做營業使用。

材料

拉麵調味醬…24ℓ、綜合柴魚…2kg
三溫糖…5kg、味精…1kg

1 拉麵調味醬倒入湯鍋之中開火加熱，加入綜合柴魚粉，用小火熬煮30分鐘。

2 熬煮30分鐘以後，加入三溫糖攪拌溶化以後關火。直接靜置1天。

叉燒

在製作動物系高湯時，將用於叉燒肉的豬五花一起加入燙煮，並以叉燒調味醬浸泡。以「炸物」見長的『二天』，叉燒也是點餐時現榨，再煮軟擺盤。

材料

豬五花肉…6kg、叉燒調味醬…6ℓ

叉燒調味醬 材料

水…3ℓ、日本酒…1.8ℓ
濃口醬油…18ℓ、生薑…200g
大蒜…1kg、蔥綠…500g
三溫糖…5kg、味精…500g

1 製作叉燒調味醬。醬油、生薑片、大蒜（橫切一刀）、蔥綠和水一起放入大湯鍋中。

2 加入煮滾揮發掉酒精的日本酒。

3　煮滾以後加入三溫糖，充分溶化以後離火靜置 1 天。次日添加味精充分攪拌溶化。

5　在開店營業前分切成每片 50g 的肉片。採斜切方式增加切片面積。

4　將製作動物系高湯時燙煮好的豬五花肉放入叉燒調味醬中，開火煮滾以後關火，浸泡 3 小時以後取出。

6　收到點餐以後油炸一分半，再做供應。不預先炸好備用。炸好以後會略做燙煮，讓肉稍微軟化以後再擺放到麵上面。

筍乾

以醬油風味為基底，添加鰹魚的風味，再加入一味辣椒粉的微辣做提味，製作出能夠帶來口感與風味變化的筍乾。

材料

鹽漬筍乾…15kg、濃口醬油…800g
顆粒狀高湯粉…100g、三溫糖…500g、鹽…80g
高湯…1.5ℓ、沙拉油…400g、芝麻油…200g
一味辣椒粉…30g、鰹魚柴魚粉…30g

1 筍乾提前1天泡水抓拌清洗3次，稀釋所含鹽分。

2 以沙拉油翻炒至筍乾均勻裹上沙拉油以後，加入砂糖、鹽巴、醬油、高湯、顆粒狀高湯粉混拌均勻，煮上45分鐘。

3 放涼以後加入一味辣椒粉、芝麻油、鰹魚柴魚粉混拌均勻。讓味道充分入味，次日再做使用。

鹽味醃漬醬

用於醃漬豬肉天婦羅、牛肉天婦羅用的豬肉與牛肉的調味醬。將豬肉與牛肉分別放入此醬料中醃漬3小時再沾裹麵衣油炸。

材料

水…15ℓ
鹽…900g、三溫糖…700g
顆粒狀高湯粉…150g
大蒜泥…250g

1 取5ℓ水和顆粒狀高湯粉、三溫糖、鹽巴一起放入鍋中，開火煮溶以後關火。

2 倒進10ℓ冷水裡放涼，待冷卻以後混入大蒜泥。放入冷藏室保存。

蝦油

帶有鮮蝦和柴魚香氣的蝦油作為「濃厚系」以外的拉麵和沾麵的香料油使用。

材料

沙拉油…18ℓ
蝦頭…1kg、紅蝦乾…200g
綜合柴魚…200g、大蒜…200g
生薑…25g
紹興酒…400㎖

1 在一個鍋子裡倒入沙拉油開小火，加入綜合柴魚煮出香氣。

2 在另一個湯鍋中熱油，加入大蒜、生薑翻炒。放入蝦頭再倒足沙拉油。用搗泥器壓碎蝦頭，以中火加熱 10 分鐘左右。

3 看到油變成紅色以後，加入紅蝦乾，倒入紹興酒。持續沸騰 5 分鐘以消除紹興酒的酒氣。

4 步驟 3 倒入步驟 1 的鍋中，開火。維持在 70 ～ 80℃ 的溫度避免煮焦，整體混合均勻。

5 用錐形過濾器進行過濾後，冷藏保存。營業期間恢復常溫再做使用。以每碗拉麵 20㎖ 的分量進行調配。

雞肉天婦羅

以雞肉用的醃漬醬進行事先調味。雞肉如果事先裹好天婦羅粉，下鍋油炸的時候很容易沾黏在油炸機上面，所以在油炸前才裹粉。雞肉用的天婦羅粉裡面還多加了青海苔粉以增添風味。

材料

雞腿肉…24kg
雞肉用醃漬醬…5.2ℓ

1 雞腿肉放入雞肉用醃漬醬裡面浸泡1天。雞腿肉切成每塊約60g。

2 收到點餐後裹上雞肉用天婦羅粉。該天婦羅粉以上新粉1、馬鈴薯澱粉（馬鈴薯澱粉）2.5、少許青海苔粉的比例混合而成。

3 雞腿肉下鍋油炸約4分20秒。

豬肉天婦羅

浸泡過事先調味用的鹽味醃漬醬以後，裹上豬肉用天婦羅粉備用。這樣的做法可以讓粉和豬里肌肉更好地融合在一起，炸出酥脆口感。豬肉天婦羅粉裡面摻入了黑芝麻與一味辣椒粉增添風味。

材料

豬里肌肉…250片（20kg）
鹽味醃漬醬…4kg、豬肉天婦羅粉…3kg

1 豬肉里肌肉放入事先調味用的鹽味醃漬醬裡面浸泡14小時。

2 事先調味好的豬里肌肉裹上豬肉用天婦羅粉備用。該天婦羅粉以低筋麵粉、馬鈴薯澱粉、熟芝麻（黑）、一味辣椒粉混合而成。

3 用沙拉油炸2分鐘半。

牛肉天婦羅

期間限定推出的牛肉天婦羅。將牛後腰脊部位的牛肉切成每片 80g 的大分量炸成配菜的做法為其帶來一波話題性。炸物用的油至今為止曾用過白絞油※、豬油等諸多油品，目前則是使用沙拉油來油炸。

※ 白絞油。以黃豆或菜籽提煉製成的食用油。

材料

牛後腰脊肉片…8kg
全蛋…25g、麵包粉…3kg
鹽味醃漬醬…3kg

3　用沙拉油炸 2 分鐘半。

1　牛後腰脊肉片放入鹽味醃漬醬裡面浸泡 3 小時。

調味魚粉

此處的調味魚粉是用香料與鰹魚柴魚粉混合而成的綜合香料，用來加到濃厚系沾麵的沾麵醬汁裡面。

材料

鰹魚柴魚粉…1kg、三温糖…1kg
一味辣椒粉…150g、黑胡椒…100g
肉豆蔻粉…100g
大蒜粉…50g

2　收到點餐再沾附蛋液、裹上麵包粉下鍋油炸。沾附蛋液之前不先裹上一層麵粉。

取 5g 調味魚粉混入沾麵醬汁中。由於細微的分量差異就會影響到整體風味，所以要用專用的量匙精準測量，舀出表面刮平的 5g 分量。

麵屋武藏 武骨

御徒町

東京都台東区上野 6－7－3

提供充滿個性的
「白」、「黑」、「紅」湯底

2003 年 12 月開業。特色在於供應以豬頭、豬大腿骨、豬腳、雞爪熬製出來的豬骨湯為湯底的基本款「白湯」、使用烏賊墨汁為湯底的「黑湯」、以自製辣油、豆瓣醬與麻辣醬調配而成的特製辣醬為湯底的「紅湯」三大類拉麵。濃厚高湯不僅經過熬煮，還添加了打成泥狀的叉燒邊角肉來提高濃度。叉燒使用長時間蒸煮再浸泡於滷汁當中的豬五花肉，在顧客面前現切供應。

❖白武骨拉～麵 1150 日圓

以豬頭及前1天熬煮的豬大腿骨混合而成的濃郁風味豚骨高湯拉麵。在香料油
當中加了豬背脂。豬五花肉蒸熟以後浸泡於叉燒調味醬裡保溫的多汁滷豬肉，
會在收到點餐以後切成大塊擺放到拉麵上面。麵條選用中粗直麵。

❖黑武骨拉～麵 1150 日圓

外觀呈現黑色，十分具有視覺衝擊力的拉麵。在豚骨高湯之中添加了以烏賊墨汁調配而成的香料油「黑油」。用生薑油將烏賊墨汁煮至質地如水的狀態，製作出風味濃醇而沒有絲毫烏賊墨汁腥味的香料油。

❖ 赤武骨沾麵 1150 日圓

這款拉麵在豚骨高湯裡加了以大蒜油製成的自製辣油，以及作為香料油添加進去，用香炒豆瓣醬混合麻辣醬調配而成的特製辣味醬。除了辛辣之外，還帶了點微麻的麻辣之感，再加上大蒜濃醇味道做提味，製作出這道餘味無窮且一吃就上癮的美味拉麵。

❖ 武骨沾麵 1150 日圓

豚骨高湯與添加一味辣椒粉與醋做提味的沾麵調味醬調配出的沾麵醬汁。香料油添加了豬背脂，沾麵添加的魚粉則增加了鰹魚柴魚粉的分量。跟「白武骨拉〜麵」一樣附有滷豬肉，以及用中式醬油與浸泡過滷豬肉的叉燒調味醬做調味的溏心蛋。

武骨高湯

為「白」、「黑」、「紅」高湯的湯底。用豬頭以及前 1 天煮過的豬大腿骨下去熬煮，熬出不輸九州豚骨高湯的湯頭。豬頭要在煮到一半的時候切開，所以事先在中間劃好切痕，方便之後將豬頭分成兩半。

材料

豬大腿骨（剁成一半）…5kg
豬腳…5kg、豬頭…9 個
豬背骨…20kg、雞爪…20kg
豬背脂（絞肉）…2kg
豬大腿骨（前 1 天煮過的）…1.5kg
蔥綠…5 本、大蒜…10 顆
生薑…100g、鷹爪辣椒…10 根

3 放入豬背骨並倒入熱水，再次開火熬煮。

1 依序將縱向劃好切痕的豬頭、剁好的豬大腿骨、豬腳、雞爪放入大湯鍋中，用水洗去血水。

4 撈除浮沫，加入前 1 天熬煮高湯用的豬大腿骨。熬煮 2 小時，每 1 小時加水調節水位至 135ℓ 標示處，每 30 分鐘攪拌 1 次。

2 開火，用細目濾網撈除冒出來的浮沫，倒掉鍋中熱水。

5 開火熬煮 3 小時以後把豬頭分成兩半。因為已經事先劃好切痕，所以很容易分開。

6 開火熬煮 6 小時以後加入蔥蒜等辛香蔬菜。

7 放入辛香蔬菜 2 小時以後，加入豬背脂。再次煮滾以後繼續熬煮 30 分鐘，取出豬背脂，瀝去水分放涼以後，用食物調理機（Robot Coupe）攪打至仍稍微保留一些顆粒感的程度。

8 放入豬背脂 1 小時後，轉小火再熬煮約 4 小時。

9 確認濃度達 12 以後關火，進行過濾。會利用上下甩動可雙手提握濾網的離心力過濾，也會放入剛好貴合內緣的鍋蓋擠壓，充分過濾。

濃厚高湯

不單單只是將豚骨高湯熬煮濃稠，還添加了用食物調理機攪成泥狀的豬肉，增加肉味的同時更添濃郁度。攪成泥的豬肉用的是製作叉燒的時候多出來的邊角肉以及太硬的肉筋部分。

材料

武骨高湯…20ℓ
豬肉（叉燒用豬肉的邊角肉）…3kg
鰹魚柴魚（中厚切片）…200g、沙丁魚乾…200g

1 武骨高湯中加入用食物調理機攪成泥狀的叉燒邊角肉，開火熬煮。

2 魚乾與柴魚放到網杓裡面，沒入高湯之中熬煮40分鐘。

拉麵調味醬

拉麵用調味醬。除了2種醬油之外，還使用了2種鹽巴並添加了浸泡滷豬肉用的調味醬，製作出不論是搭配以烏賊墨汁製成的「黑」高湯，還是添加了麻辣醬的「紅」高湯這類各有特色的湯頭都很對味的調味醬。

材料

純淨水…15ℓ、鯖魚柴魚…1kg、沙丁魚乾…1kg
日本酒…1.8ℓ、蠔油…2.2ℓ
薄口醬油…18ℓ、濃口醬油…4ℓ
叉燒調味醬（浸泡過滷豬肉）…6ℓ、砂糖…1kg
鹽…2kg、味精…500g
蒙古岩鹽…1kg、高湯昆布…500g

1 煮滾並揮發掉酒精的日本酒與純淨水一同倒入大湯鍋中，放入昆布、魚乾、鯖魚柴魚浸泡一整個晚上。

2 次日開火熬煮。在快要煮滾之前取出昆布。

3 撈除冒出來的浮沫，大約熬煮 40 分鐘，倒入蠔油、薄口醬油、一半分量的濃口醬油以及浸泡滷豬肉用的叉燒調味醬。

4 煮滾以後加入砂糖與鹽巴，熬煮至水位下降至 45ℓ 標示處，關火靜置至隔天。次日進行過濾，加入剩餘一半的濃口醬油、味精 B 混合均勻。靜置 2～3 天再做使用。

叉燒調味醬

用來浸泡蒸熟的豬五花肉的滷豬肉用調味醬。也會拿來醃漬筍乾。至於浸泡過豬五花肉的調味醬則是會拿來醃漬溏心蛋或是作為拉麵調味醬的部分材料使用。

材料

濃口醬油…18ℓ
日本酒…1.8ℓ
砂糖…6kg、鹽…1kg

1 濃口醬油倒入鍋中加熱，煮沸以後加入已煮滾並揮發掉酒精的日本酒。

2 加入砂糖與鹽巴。充分煮滾將砂糖煮溶以後關火。

沾麵調味醬

沾麵用調味醬。以拉麵調味醬為醬底製作而成。在調配階段就先把醋加進去而非另外再做添加，好讓醋能充分融入調味醬之中。

材料

拉麵調味醬…10ℓ、砂糖…3.3kg
大蒜（切末）…150g
一味辣椒粉…60g、穀物醋…700㎖

拉麵調味醬開火加熱至約莫 40℃，加入砂糖充分溶解。要用的時候再把大蒜、一味辣椒粉、醋加進去混拌均勻，避免香氣跑掉。

沾麵用魚粉

添加到沾麵醬汁裡使用的魚粉。沾麵用為鯖魚柴魚粉加上鰹魚柴魚粉，拉麵用則變更為鯖魚柴魚粉加上魚乾粉。

材料

鰹魚柴魚粉…1kg
鯖魚柴魚粉…500g

拉～麵用魚粉

用來添加到拉麵高湯裡的魚粉。鯖魚柴魚粉與魚乾粉的比例為 2 比 1，沾麵用的鯖魚柴魚粉與鰹魚柴魚粉的比例則是 1 比 2。拉麵用的魚粉加強了鯖魚柴魚粉的風味。

材料

鯖魚柴魚粉…500g
魚乾粉…250g

將 2 種魚粉混合攪拌均勻。

赤油

用來加進「赤武骨拉～麵」與「赤武骨沾麵」高湯中的特製辣味醬。不僅能增加富含深度的辣味，麻辣醬的微麻更是能起到提味的作用。

材料

豬油…1罐、大蒜…1kg、一味辣椒粉…1kg
麻辣醬…3kg、砂糖…1kg、穀物醋…300ml

3 步驟 1 的熱蒜油淋到步驟 2 上面，僅預留少許用來炒製豆瓣醬跟麻辣醬。

1 加熱豬油，放入切碎並用水快速沖洗過的蒜末熬煮。煮至蒜末呈金黃色澤，製作出大蒜油。

4 用大蒜油充分翻炒豆瓣醬與麻辣醬。

2 一味辣椒粉與醋混合在一起，整體充分吸附水分。

5 步驟 3 淋上大蒜油的一味辣椒粉與步驟 4 的炒豆瓣麻辣醬混拌均勻，靜置 1 天。

6 次日加入砂糖與醋，以食物調理機攪打均勻。在營業期間以隔水加熱的方式做使用

黑油

用來加進「黑武骨拉～麵」與「黑武骨沾麵」高湯中，添加了烏賊墨汁的香料油。製作重點在於要充分翻炒，去掉烏賊墨汁的腥味。

材料

豬油…1 罐、大蒜…2kg、生薑…100g
烏賊墨囊…2kg、鷹爪辣椒…10 根

1 大蒜切碎並用水快速沖洗。取 1/3 的豬油熬煮蒜末至外表呈茶褐色。剩餘 2/3 豬油熬煮生薑片至外表呈金黃色澤。

2 整塊冷凍烏賊墨囊直接放到薑片油鍋裡面。

3 受熱解凍的烏賊墨囊會散開來，用菜刀逐個割破，讓墨汁流出。

4 加入鷹爪辣椒，將烏賊墨汁煮至整體呈現質地如水的狀態。

5 烏賊墨汁煮至質地如水後，和步驟 **1** 放涼的大蒜油混合在一起，靜置 1 天。次日用食物調理機攪打均勻，放入冷藏室冷藏並時不時拿出來攪拌均勻。沉澱在最底部的部分不做使用。

滷豬肉

豬五花肉放入蒸箱蒸熟以後，浸泡到叉燒調味醬裡面製作出美味多汁的滷豬肉。整塊豬五花肉於營業期間都會浸泡在持續加熱的叉燒調味醬裡面，使其醃漬入味的同時也能讓豬五花肉保溫，等收到訂單的時候再做分切。

材料

整塊豬五花肉…60 條（1 條 1kg）
叉燒調味醬…適量、大蒜…適量
生薑…適量、鷹爪辣椒…適量

1 豬五花肉放在流水之下洗去血水。

2 放到蒸箱裡面，蒸上 2 小時 45 分鐘至 3 小時。

3 大蒜、生薑與鷹爪辣椒裝到高湯過濾袋中，放到叉燒調味醬裡，開火煮滾。把蒸熟的豬肉放到滾燙的叉燒調味醬裡面浸泡30分鐘。

4 將浸泡在調味醬裡的豬肉取出放涼，縱向對半分切以後，冷藏1天。次日營業期間放回加熱保溫的叉燒調味醬裡面浸泡使用。

筍乾

加入叉燒調味醬與武骨高湯翻炒，提高筍乾與拉麵搭配起來的對味程度。

材料

鹽漬筍乾…7.5kg
黑胡椒…30g、黃砂糖…180g
濃口醬油…300㎖、叉燒調味醬…300㎖
動物系高湯…200㎖
粗粒黑胡椒…30g、沙拉油…200㎖
芝麻油…300㎖

1 用沙拉油翻炒稀釋過鹽分的筍乾。整體均勻裹覆沙拉油以後，加入黃砂糖再次翻炒均勻。

2 黃砂糖充分炒融以後，加入醬油、叉燒調味醬與高湯一起翻炒。

3　炒至收汁以後關火，加入胡椒與芝麻油。

4　每隔 5 ～ 10 分鐘翻炒 1 次散熱放涼。

溏心蛋

雞蛋放入浸泡過滷豬肉的叉燒調味醬與中式醬油汁調配而成的調味醬裡醃漬。

材料

叉燒調味醬（浸泡過滷豬肉）…800㎖
中式醬油…200㎖、日式高湯…3ℓ

半熟水煮蛋放入其中醃泡。放在冷藏室保存，每隔 1 小時翻動 1 次以避免顏色不均。

豬背脂

「白武骨拉～麵」香料油裡添加了豬背脂。為了增添一些口感，在製作時保留少許顆粒感。

材料

豬背脂（整塊）…10kg、純淨水…適量

冷水煮滾以後，放入豬背脂燙煮 30 分鐘。瀝去水分放涼以後，用食物調理機（Robot Coupe）攪打至仍有些許顆粒感殘留的程度。

虎洞

東京都武藏野市
吉祥寺本町 1−1−7

開發出與自家拉麵
最對味的香腸

於 2005 年 2 月開業。用豬大腿骨、雞爪、雞骨架、豬腳與豬背脂熬製出清爽而不油膩的高湯，讓該店獨家自製叉燒香腸（通稱「虎尾巴」）與用蒸烤箱烹調豬來的滷豬肉更顯美味。用豬絞肉、豬肩胛里肌肉、豬舌、洋蔥及秘傳的萬用調味醬製作而成的「虎尾巴」香腸，有著酥脆的外皮，並且會在咀嚼之際肉汁四溢，和店內獨一無二的拉麵、沾麵都十分對味。

❖ **虎洞沾麵**
　　（滷豬肉＋香腸） 1150 日圓

❖ 虎洞沾麵 1150 日圓

冠上「虎洞」店名的拉麵、沾麵除了溏心蛋之外還會附上兩塊滷豬肉。可將其中一塊肉換成「虎尾巴」（自製叉燒香腸）的服務也廣受好評。搭配用一個湯鍋添加豬大腿骨、雞爪、豬背脂、魚乾與綜合柴魚熬煮出來的雙湯頭沾麵醬汁。照片的麵條分量為 400g（煮熟後）。與「麵屋武藏」其他店鋪一樣，麵條 1kg 以內都是相同售價。

❖ 多肉量濃厚虎洞沾麵 1550 日圓

內含三塊滷豬肉與一條虎尾巴香腸。「濃厚系」沾麵以動物系高湯為湯底，加上吸收
了鰹魚柴魚粉風味的沙拉油製作而成的魚粉糊，調配出湯頭濃郁而芳醇的沾麵醬汁。
拉麵與「濃厚系沾麵」裡面都添加了被稱為調味魚粉的綜合魚粉。照片的麵條分量為
600g（煮熟後）。

❖ 虎洞拉～麵 1100 日圓

內含兩塊滷豬肉。滷豬肉採用連鍋一起送入蒸烤箱加熱的方式製作而成,多汁而軟嫩。風味清爽的動物系高湯再加上用沙拉油製作而成的香料油,調配出整體風味更能襯托滷豬肉與自製叉燒香腸的好味道。

動物系高湯

早上備料熬煮、晚上營業期間過濾，於次日營業期間使用的高湯。將豬大腿骨、雞爪、雞骨架、豬背脂、魚乾與綜合柴魚放入一個大湯鍋中熬煮出來的雙湯頭。

材料

豬大腿骨…15kg、雞爪…10kg
豬腳…5kg、雞骨架…10kg、豬背脂…5kg
豬五花肉（滷豬肉用）…10kg、綜合柴魚…1kg
沙丁魚乾…1kg、生薑…150g
大蒜…150g、洋蔥…4 個、蔥綠…10 根

3 開火以後，將滷豬肉用的豬五花肉也放入鍋中。豬五花肉燙煮 90 分鐘取出。

1 切塊處理過的豬大腿骨燙煮過 1 次以後，倒掉鍋中熱水，再次加水。

2 放入已在另一個大湯鍋放水清洗掉血水的雞骨架、雞爪、豬腳後開火。

4 撈除煮滾以後冒出來的浮沫，放入生薑、大蒜、洋蔥、蔥綠與豬背脂。每 30 分鐘就攪拌 1 次。4 小時後，添加熱水調節水位至 130ℓ 標示處。

5 熬煮 2 小時以後，加入魚乾與綜合柴魚。之後每隔 15 分鐘攪拌 1 次。

6 3 小時過後，確認水位下降至 90ℓ、濃度達 10 以後關火。

7 關火以後趁熱過濾。

濃厚高湯

使用吸收了鰹魚柴魚粉風味的沙拉油製作出魚粉糊，混入動物系高湯之中，調配出兼具鰹魚柴魚高湯風味與濃度的濃厚高湯。

材料

動物系高湯…16ℓ、鰹魚柴魚粉…200g
沙拉油…1.5ℓ、上新粉…1kg

1 沙拉油煮沸以後離火，倒入鰹魚柴魚粉混和均勻。接著加入上新粉充分攪拌均勻。

2 步驟 1 的魚粉糊以少量添加的方式，倒入已加熱好的動物系高湯裡面，充分攪拌均勻。

拉麵調味醬

拉麵用的醬油調味醬。耗費 3 天時間，製作出能充分品嚐到乾貨高湯鮮味的調味醬。同時也是沾麵調味醬的醬底。

材料

水…15ℓ、濃口醬油…36ℓ、日本酒…1.8ℓ
味醂…1.8ℓ、綜合柴魚…1kg、鯖魚柴魚…1kg
乾香菇…1kg、鹽…1kg、上白糖…2kg
味精…1kg、蠔油…450g

1 把煮滾並揮發掉酒精的日本酒與味醂、水、醬油倒入大湯鍋中，放入裝進高湯過濾袋裡的綜合柴魚、鯖魚柴魚與乾香菇，靜置 1 天。

2 次日開火，溫度上升至 80℃ 以後轉為小火。維持 80℃ 的水溫熬煮 40 分鐘，加入上白糖、鹽巴、蠔油、味精 B，充分攪拌均勻以後關火，整鍋靜置至次日取出高湯過濾袋。

沾麵調味醬

以拉麵調味醬為醬底，加入砂糖、味精增添甘醇風味，並添加一味辣椒粉與米醋做提味。

材料

拉麵調味醬…30ℓ
上白糖…8kg、味精…1kg
一味辣椒粉…30g
米米醋…1ℓ

拉麵調味醬加熱至 80℃ 後關火，溶入砂糖與味精。最後再加入一味辣椒粉與醋。

萬用調味醬

是一款可以應用溏心蛋、筍乾、滷豬肉滷汁的調配當中，運用範圍十分廣泛的調味醬油。

材料

日本酒…3.6ℓ、味醂…3.6ℓ、上白糖…10kg
味精…1kg、薄口醬油…36ℓ

醬油倒入大湯鍋裡面加熱至 80℃ 以後關火，加入砂糖、味精混合均勻。加入煮滾並揮發掉酒精的日本酒與味醂。

香料油

配合味道清爽的動物系高湯,使用吸收了宗田鰹魚柴魚與鯖魚柴魚風味的沙拉油。

材料

沙拉油…6ℓ、鯖魚柴魚…150g
宗田鰹魚柴魚…150g

1 沙拉油加熱至150℃以後離火,倒入鯖魚柴魚與宗田鰹魚柴魚。

2 靜置1天,等柴魚風味充分滲入油裡再做過濾。

調味魚粉

用來加到拉麵與濃厚系沾麵醬汁裡的綜合魚粉。

材料

鰹魚柴魚粉…3kg、魚乾粉…1kg
宗田鰹魚柴魚粉…1kg

所有材料充分混合均勻。

溏心蛋

在萬用調味醬裡面添加魚類高湯與醬油調配出調味醬,用來調味水煮蛋。

材料

水煮蛋…10kg、萬用調味醬…1ℓ
水…3ℓ、豐漁高湯…50g、中式醬油…100㎖

水煮蛋放入萬能調味醬、水、高湯與醬油混合而成的調味醬裡浸泡1天。

滷豬肉

以萬用調味醬為醬底，加入辛香蔬菜增添風味製作出滷汁，用來浸泡並加熱事先燙熟的豬五花肉做調味。

材料

豬五花肉…10kg、滷豬肉用滷汁…5ℓ

1 豬五花肉塊在熬煮動物系高湯的時候一起放入大湯鍋中燙煮90分鐘。煮好以後取出來放涼。

2 放涼以後分切成每塊50g的分量，倒入滷汁。

3 蓋上落蓋放入蒸烤箱中，以温度120℃、蒸氣濕度100％的蒸烤模式加熱2小時。

4 從蒸烤箱裡取出來放涼。

筍乾

將前1天預先抓洗泡發的水煮筍乾用鹽水煮過以後，再以萬用調味醬調味。

材料

筍乾（水煮）…10kg
萬用調味醬…500㎖、芝麻油…200㎖
黑胡椒…20g、鹽…10g

用鹽水煮過的筍乾瀝去水分，加入萬用調味醬用大火拌煮。加進芝麻油與黑胡椒充分混合均勻，關火放涼。

虎尾巴

自製叉燒香腸。將豬五花肉、豬肩胛肉、豬舌、豬背脂攪打成粗絞肉，並添加牛瘦肉讓整體肉質更顯美味。煙燻過後再用滷豬肉的滷汁加熱，提高與拉麵之間的對味程度再盛放到拉麵之上。

材料（120 根的分量）

豬五花肉（粗絞肉）…2.7kg、豬肩胛肉（粗絞肉）…2.5kg
豬舌（粗絞肉）…750g、豬背脂（粗絞肉）…500g
鹽巴 A…10g、味精…50g、黑胡椒…30g
大蒜粉…10g、生薑泥…10g
蔥花…2 束、牛瘦肉（絞肉）…1kg
豬背脂…50g、冰塊…60g、鹽巴 B…20g
羊腸衣…3 條、滷豬肉用滷汁…適量

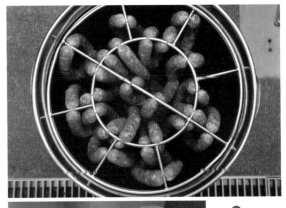

1 豬五花肉、豬肩胛肉、豬舌與豬背脂的粗絞肉放入調理盆中混拌均勻，加入鹽巴 A、味精、黑胡椒、大蒜粉、生薑泥與蔥花混合均勻。在調理盆下面墊上冰水，確保溫度在 12℃ 以下。

3 步驟 **2** 灌入羊腸衣裡面，以煙燻機乾燥 40 分鐘以後，用櫻花木屑煙燻 20 分鐘。取出以後放到 70℃ 的熱水裡浸泡 20 分鐘，放到冰水裡冷卻。

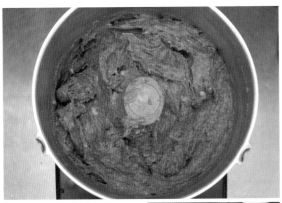

2 牛瘦肉抹上鹽巴 B，和豬背脂、冰塊一起放入食物調理機攪打至整體呈現細緻滑順狀態。讓牛瘦肉維持在 8℃ 以下。將步驟 **1** 與步驟 **2** 充分混合均勻。

4 放入 80℃ 的滷豬肉滷汁裡面加熱 8 分鐘即可完成。

麵屋武藏 武骨外傳

澀谷

東京都渋谷区
道玄坂2-8-5

提高享用樂趣的特製芡汁

2006 年 12 月開業。由雞爪與豬大腿骨等食材製作而成的動物系高湯，以及動物系高湯為湯底的濃厚高湯逐步開展而來。歸附於東京御徒町「麵屋武藏 武骨」體系，店內備有「黑」（特製醬香芡汁）、「紅」（特製辣味芡汁）、「白」（無芡汁）3 種沾麵。芡汁的吃法十分多樣，不單單能與麵條一同享用，還能淋在溫泉蛋、滷豬肉上面一起品嚐。用燜蒸的方式逼出油脂再浸泡滷汁的大分量滷豬肉也相當受到歡迎。

❖ 濃厚外傳 黑沾麵 1230 日圓

在麵條上面淋上以洋蔥、大蒜、生薑、蘋果和魚貝豚骨高湯、滷豬肉滷汁以及滷汁炒豬絞肉製作而成的黑
荏汁（淋醬），是店內最受歡迎的一款沾麵。在豚骨高湯的湯底裡添加鯖魚柴魚風味香料油製成的濃稠油，
調配出濃厚高湯，再用以製成沾麵醬汁。是一道可以品嚐到黑荏汁搭配麵條、黑荏汁麵條加上沾麵醬汁、
滷豬肉加上黑荏汁的不同風味組合樂趣的沾麵。

❖濃厚外傳 白沾麵 1180 日圓

不加芡汁版本的沾麵。在動物系高湯裡添加了以鯖魚柴魚風味香料油製成的濃稠油提升濃稠度，並在拉麵調味醬裡增添甜味與鮮味製作出風味特別濃醇的沾麵調味醬，加在一起調配出了沾麵醬汁。沾麵醬汁裡還添加了柑橘醋，為了不減損醋的香氣，直至要使用前才將柑橘醋加進沾麵醬汁裡面。

武骨外傳

❖ **濃厚外傳 紅沾麵** 1230 日圓

這款沾麵在麵條上面淋上以洋蔥、大蒜、生薑、蘋果和韓國辣椒粉、豆瓣醬、苦椒醬等
調味料，加上滷豬肉滷汁以及滷汁炒豬絞肉拌炒而成的紅芡汁。特色在於濃醇而極富深
度的香辣味道。不添加黑芡汁用到地高湯以突顯外觀的鮮紅。照片麵條分量為大碗（煮
熟後，約 500g）。

❖ 外傳蒜香沾麵 1180 日圓

沾麵醬汁由魚貝豚骨高湯與沾麵用調味醬調配而成。加入豆
芽菜、大蒜泥與蔥花作為配料。這款能夠感受到濃郁大蒜風
味的沾麵醬汁擁有不少熱情的擁護者。

❖ 外傳拉～麵 1150 日圓

在魚貝豚骨高湯裡添加了以昆布、魚乾、乾香菇及醬油製作而成的調味醬、帶有鯖魚乾風味的香料油，搭配中粗麵的標準款拉麵。擺上蒸好後浸泡在滷汁裡面的滷豬肉、用滷豬肉滷汁調味的筍乾、用滷豬肉滷汁調配出來的調味醬調味的溏心蛋、蔥花。

動物系高湯

使用豬大腿骨、豬背骨、雞爪、豬腳、絞肉狀豬背脂
熬製出相當具有黏稠度的動物系高湯。乾貨的部分只
使用魚乾，以此突顯魚乾的風味。

材料

豬大腿骨⋯20kg
雞爪⋯10kg
豬腳⋯10kg、豬背骨⋯10kg
豬背脂（絞肉）⋯5kg
魚乾⋯4kg
大蒜⋯500g、生薑⋯250g
蔥綠⋯20 根

1 豬大腿骨、豬背骨、雞爪、豬腳事先燙過 1 遍去除血水，倒
掉熱水，再次注水至 120 ℓ 標示處開火熬煮。煮滾以後撈除冒
出來的浮沫大約 3 次左右。

2 撈淨浮沫以後，加入絞肉狀豬背脂與蔬菜類食材。熬煮到水
分揮發以後，加水調節水位至 130 ℓ 標示處，每隔 20 分鐘攪
拌 1 次。

3 從營業前開始熬煮至 18 點左右，加入魚乾。加水將水位補回
130 ℓ 標示處。因為很容易煮焦，所以每隔 10 分鐘攪拌 1 次。

4 熬煮 1 小時左右，加水讓水位上升到 140 ℓ 標示處，繼續熬煮 3 小時左右。以濃度達 12 為大致標準關火。

5 次日煮滾以後過濾。

濃厚高湯

動物系高湯為湯底，添加以魚乾粉和鯖魚柴魚粉製作而成的濃稠油，製作出既能增添魚貝系高湯風味又能提高濃稠度的高湯。

材料

動物系高湯…20 ℓ、濃稠油…1.6kg

1 因為很容易在混合的時候結塊，所以先取出少量濃稠油到調理盆中，接著再倒入一部分煮沸的動物系高湯充分攪拌均勻。

2 步驟 1 倒回滾燙的動物系高湯裡面，反覆進行如上步驟將分量內的濃稠油混入動物系高湯裡面。

拉麵調味醬

乾貨鮮美高湯風味十足的醬油調味料。不僅在熬製高湯的時候添加醬油一同熬煮，還會在完成前加入同時在另一個鍋中低溫加熱好的醬油，以此保留醬油本身的風味。

材料

特級龜甲萬醬油…36ℓ
特級龜甲萬醬油…18ℓ
黃砂糖…5kg、味精B…500g
味精A…1kg、日本酒…1.8ℓ
本味醂…1.8ℓ、魚乾…1kg
乾香菇…150g、羅臼昆布…200g
純淨水…15ℓ、宗田鰹魚柴魚…2kg
魚露…250㎖

1 昆布、乾香菇、魚乾事先冷泡1晚。

2 次日開火，加入煮滾並揮發掉酒精的日本酒與本味醂。

3 加入宗田鰹魚柴魚，維持80～90℃的水溫熬煮40分鐘左右。

4 在另一個大湯鍋裡熬煮36ℓ的醬油。以70℃的水溫熬上40分鐘左右，加入味精和黃砂糖充分煮溶。

5 從步驟 **3** 加入宗田鰹魚柴魚並煮上40分鐘的大湯鍋裡取出昆布。事先裝入過濾袋裡面，可以更加便於取出。倒入18ℓ的醬油進去熬煮。

6 步驟 **4** 與步驟 **5** 加到一起靜置 1 天。次日進行過濾，加入魚露。

沾麵調味醬

為了不減損柑橘醋加到沾麵調味醬的風味，直到使用前夕才添加進去。取沾麵調味料 36㎖加上魚粉 1 小匙、香料油 15㎖、高湯 300㎖、蔥花、筍乾、剁碎的叉燒以調配出沾麵醬汁。

材料

拉麵調味醬…22ℓ、上白糖…5kg
味精 A…150g、味精 B…50g
大蒜泥…150g
柑橘醋…以 5ℓ 沾麵調味醬比 250㎖的比例添加

除柑橘醋以外的材料添加在一起。在要使用前夕加入柑橘醋。

香料油

帶有秋刀魚柴魚風味的香料油。調配濃厚高湯時添加的濃稠油也是以此油製作而成。

材料

秋刀魚柴魚…250g
大蒜（切末）…1 顆
蔥綠…3 根、豬油…18ℓ

1 豬油加熱至 100℃，加入秋刀魚柴魚、大蒜、蔥綠下去熬煮。

2 大蒜煮至外表呈金黃色澤的時候過濾。

濃稠油

添加到動物系高湯裡面，調配出濃厚高湯。

材料

香料油…3.8 ℓ、麵粉…5kg
魚乾粉…150g、鯖魚柴魚粉…150g

1 香料油加熱至110℃，加入魚乾粉與鯖魚柴魚粉讓香氣滲入油中。

2 趁油還滾燙的時候，少量添加麵粉充分攪拌均勻。

3 以打蛋器充分攪拌均勻，避免麵粉結塊，製作出濃稠油。

芡汁

用來淋在黑沾麵上面的特製醬香芡汁。又稱黑芡汁。
是一款帶有洋蔥、大蒜、生薑、蘋果風味並加入炒豬
絞肉增添鮮味的醬油風味芡汁。

材料

水…2.5 ℓ
動物系高湯…2.5 ℓ
滷豬肉用滷汁…3.5 ℓ
中式醬油…450ml
味精…60g、蜂蜜…50g
洋蔥…4 顆、大蒜…200g
蘋果…4 顆、生薑…200g
豬絞肉…4kg、滷豬肉用滷汁…500ml
胡椒…50g、山椒…50g
馬鈴薯澱粉…以 1 ℓ 醬汁比 35g 的比例添加

1 滷豬肉滷汁、中式醬油、蜂蜜、味精 A 加到一起。

2 洋蔥、大蒜、蘋果（連皮）、生薑用食物調理機攪打成泥狀，
和動物系高湯、步驟 **1**、水混合到一起，開火加熱。

3 翻炒豬絞肉，加入滷豬肉滷汁、胡椒、山椒調味。

4 步驟 **2** 加到步驟 **3** 裡面。以 1ℓ 醬汁比 35g 馬鈴薯澱粉的比
例添加進去，增加濃稠度。

紅芡汁

用來淋在紅沾麵上面的特製辣味芡汁。是一款添加了
韓國辣椒粉、一味辣椒粉、苦椒醬、豆瓣醬、辣油，
疊加多重辣味以追求辣味深度的芡汁。不添加高湯以
保留芡汁的鮮紅色調。

材料

純淨水…6ℓ、洋蔥…4 個、大蒜…200g
蘋果…4 個、生薑…200g、味精…60g
蜂蜜…50g、韓國辣椒粉…400g
苦椒醬…300g、豆瓣醬…400g
醬油蟹…250g、白味噌…300g、白高湯…1ℓ
一味辣椒粉…300g、辣油…800㎖
炒豬絞肉…2kg、滷豬肉用滷汁…250㎖
胡椒…25g、山椒…25g
馬鈴薯澱粉…以 1ℓ 醬汁 35g 的比例添加

1 味精、蜂蜜、韓國辣椒粉、苦椒醬、豆瓣醬、醬油蟹、白味噌、
白高湯、一味辣椒粉、辣油加到一起，靜置 1 天。次日加水
調合均勻。

2 步驟 **1** 一邊少量添加到馬鈴薯澱粉裡一邊攪拌均勻。

3 洋蔥、大蒜、蘋果（連皮）、生薑用食物調理機攪打成泥狀，
豬絞肉下鍋翻炒。和步驟 **2** 一起混合均勻。

滷豬肉

整條豬五花肉一蒸好，立即浸泡到滷豬肉滷汁裡進行
調味。也會用來製作成滷豬肉飯。

材料

豬五花肉…30 條（1 條 1.2kg）、蔥綠…適量
滷豬肉用滷汁…約 11ℓ、大蒜…5 顆

滷豬肉用滷汁 材料

日本酒…1.8ℓ、純淨水…3.5ℓ
上白糖…3kg、濃口醬油…6ℓ

滷豬肉用滷汁 作法

① 日本酒煮滾並揮發掉酒精以後加水，開火加熱。煮
滾以後加入砂糖攪拌均勻。

② 再次煮滾以後，加入醬油再煮滾 1 次。

1 整條豬五花肉縱向切成四等分，在上面擺上蔥綠，放到預熱好
的蒸箱裡面蒸上 2 個小時半。

2 豬五花肉一蒸好就立刻放到加熱好的滷豬肉滷汁裡面浸泡 2
小時。

082

使用這個

3 充分浸泡過滷汁以後取出，大致冷卻以後放到冷藏室中。冷藏過後再縱向對半分切，接著切成 6～7 塊。於營業期間事先浸泡到保溫中的滷豬肉滷汁裡。

❖黑荧汁滷豬肉飯 400 日圓

將浸泡在滷豬肉滷汁裡保溫的滷豬肉擺放到白飯上面，淋上荧汁（黑荧汁）再撒上蔥花。作為滷豬肉與荧汁的多樣化菜單供應。

溏心蛋

浸泡過豬五花肉的滷豬肉滷汁加上純淨水，調配出蛋用調味醬汁。需避免浸泡雞蛋的滷豬肉滷汁裡含有油脂。

材料

雞蛋…54 顆、蛋用調味醬汁…5ℓ

M、S尺寸雞蛋水煮 5 分 40 秒後，放入蛋用調味醬汁裡面浸泡 1 天。

筍乾

筍乾清洗去除鹽分，充分瀝去水分，再用醬油與滷豬肉滷汁進行調味。完成前添加沙拉油而非芝麻油，製作出風味清爽的成品。

材料

筍乾（鹽漬）…10kg、上白糖…400g
味精…50g、上星醬油…800mℓ
滷豬肉用滷汁…200mℓ、沙拉油…300mℓ
粗粒黑胡椒…30g

1　筍乾浸水泡發，換水 3 次稀釋所含鹽分。接著放到瀝網裡面抓洗，壓上重石靜置 1 天去除水分。

3　充分攪拌均勻以後關火，加入黑胡椒、沙拉油再次充分混拌均勻。

2　筍乾放入鍋中開火加熱，加入砂糖、味精、滷豬肉滷汁、醬油，轉大火攪拌 30 分鐘。

4　沙拉油與黑胡椒整體混合均勻以後，移到調理盤充分放涼再做使用。

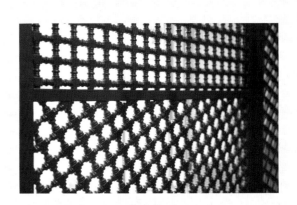

連學生的胃
都能深度滿足的菜單陣容

2007 年 2 月開業。坐落在站前學生街一隅，是「麵屋武藏」14 家店中，大碗及特大碗點餐率最高的一間店鋪。店內以豬大骨與雞爪長時間熬煮，並添加乾貨風味的高湯，為了配合來店年輕客群，除了「濃厚」高湯之外，還備有「超‼濃厚」（比同店高湯濃郁兩倍）高湯。此外還供應叉燒總量達 350g，內含兩塊豬肩胛里肌肉叉燒、三塊豬五花肉叉燒與豬五花肉片的「肉三味」拉麵及沾麵，牢牢抓住一眾顧客的胃。

❖ 濃厚鷹虎沾麵 1170 日圓

冠上「鷹虎」店名的拉麵、沾麵內含豬五花肉叉燒、豬肩胛里肌肉叉燒、溏心蛋。沾麵醬汁裡面添加了以豬油加上鰹魚柴魚粉與鯖魚柴魚粉製作而成的香料油提升風味,使用到的動物系高湯裡也加上了以麵粉製作出濃稠感的「濃稠油」增加濃郁感。最後還添加以咖哩粉與薑黃粉調配而成的「虎粉」,讓人吃完還會覺得餘味無窮。

❖ 鷹虎沾麵 1120 日圓

沾麵醬汁使用在豬大腿骨、雞爪的基礎上，還添加了豬腹脂、豬腳一同熬煮，並在最後加上煙燻沙丁魚與鯖魚柴魚、宗田鰹魚柴魚製作而成的高湯。沾麵用調味醬的調味比拉麵用調味醬還要濃郁一些，並以一味辣椒粉、山椒與黑胡椒的辛辣增香提味。照片的麵條分量為特大碗（煮熟後 1kg・大碗的 1 倍），至特大碗皆為相同售價。

❖鷹虎拉～麵 1120 日圓

使用動物系高湯的標準湯頭。調味醬由 2 種醬油加上叉燒調味醬與海鮮高湯，耗時 3 天製作而成。香料油則是豬油加上鯖魚柴魚熬製而成。豬肩胛里肌肉叉燒浸泡在以大蒜等材料製作而成的蒜油裡保溫，最後再擺放到拉麵上面。

動物系高湯

在豬大腿骨、雞爪的基礎下，還加入豬腹脂、豬腳熬製出濃度十足的高湯。最後再加上鯖魚柴魚、宗田柴魚、煙燻沙丁魚。以此湯為湯底製作出濃厚高湯。

材料

豬大腿骨…25kg、雞爪…100g、豬腳…4kg
豬腹脂…4kg、煙燻魚乾…2kg、鯖魚柴魚…1kg
宗田鰹魚柴魚…200g
叉燒用豬五花肉…營業所需用量
叉燒用豬里肌肉…營業所需用量

1 豬大腿骨、雞爪事先燙過1遍，加入豬腳一起熬煮。撈除冒出來的浮沫。

2 撈淨浮沫以後，加入豬腹脂、泡水除去血水的叉燒用豬五花肉及豬肩胛里肌肉一同熬煮。熬煮50分鐘後取出肩胛里肌肉，熬煮2小時20分鐘後取出五花肉。

3 分別在熬煮6小時、9小時的時間點加水，調節水位至115ℓ標示處。在煮上9小時的時候添加煙燻沙丁魚，繼續熬煮3小時，接著進行過濾。

4 過濾好的高湯以35ℓ比1kg鯖魚柴魚、200宗田柴魚的比例放入網杓裡面，沒入高湯之中熬煮90分鐘。至此即可完成營業用高湯。

濃厚高湯

鷹虎拉～麵、濃厚沾麵用的高湯。以營業用的動物系高湯為湯底，加入濃稠油（亦稱濃稠醬）增添於海鮮風味的同時提高濃度。

材料

動物系高湯…10ℓ、濃稠油…1kg

1 取一部分動物系高湯開火加熱，邊少量添加濃稠油邊攪拌均勻。

2 邊攪拌邊將步驟 1 少量加回加熱動物系高湯的大湯鍋裡，整體攪拌均勻。

香料油

用來添加到標準拉麵，濃厚沾麵、濃厚拉～麵的香料油。以豬油為基底，添加鯖魚柴魚風味製作而成。

材料

豬油…36ℓ、秋刀魚柴魚…1kg

開火煮豬油，加熱至100℃的時候加入秋刀魚。以小火熬煮15分鐘，過濾後放涼。

濃稠油

用來在製作濃厚高湯的時候，添加到營業用動物系高湯裡面充當提高濃度與增添海鮮風味魚粉糊用的調節用油。

材料

香料油…7.5ℓ
鰹魚柴魚粉…400g
鯖魚柴魚粉…600g
麵粉…10kg

香料油加熱至120℃以後，加入鰹魚柴魚粉、鯖魚柴魚粉增添香氣。一邊攪拌一邊少量加入麵粉，避免有結塊的情況發生。

拉麵調味醬

花費 3 天製作出來的拉麵調味醬。也會添加叉燒調味醬製成味道芳醇的醬油調味醬。

材料

日本酒…3.6ℓ、本味醂…3.6ℓ、高湯昆布…300g
純淨水…15ℓ、宗田鰹魚柴魚…2kg
特選濃口醬油…18ℓ、金印醬油…18ℓ
三溫糖…2kg、叉燒調味醬…10ℓ
味精 B…1kg、味精 A…1kg

1 煮滾並揮發掉酒精的日本酒與味醂以及水加到一起，放入昆布與宗田鰹魚柴魚冷泡 1 天。

2 第 2 天開火加熱，在快要煮滾之前取出昆布，熬煮 40 分鐘以後加入 2 種醬油，關火直接靜置 1 天。

3 次日過濾，加熱至體溫的溫度以後，加入砂糖、叉燒調味醬、味精混拌均勻。

鹽味醃漬醬

在昆布與干貝熬製的高湯中添加鹽巴與調味料製作而成。於其中添加塔巴斯科青辣椒醬作為提味。靜置一週讓味道變得更加醇和以後再做使用。

材料

純淨水…4.8ℓ、高湯昆布…40g、干貝乾…100g
高湯包…2 包、鹽…500g、砂糖…600g
味精…100g、白醬油…400㎖
塔巴斯科青辣椒醬…200㎖

沾麵調味醬

沾麵用調味醬。在拉麵調味醬裡面加入砂糖、蜂蜜、鹽巴，以及黑胡椒、山椒等調味料。由於黑胡椒與山椒容易沉澱，要在使用前夕添加。

材料

拉麵調味醬…30ℓ、上白糖…4kg、三溫糖…4kg
蜂蜜…200g、鹽…1kg、胡椒…300g
一味辣椒粉…50g
黑胡椒…以 4ℓ 沾麵調味醬比 10g 的比例添加
山椒…以 4ℓ 沾麵調味醬比 3g 的比例添加
醋…以 4ℓ 沾麵調味醬比 200㎖的比例添加

1 拉麵調味醬、砂糖、蜂蜜、鹽巴、胡椒粉與一味辣椒粉加到一起，邊開火加熱邊攪拌至充分融合。此即為沾麵調味醬的醬底。

2 黑胡椒、山椒、醋在使用前夕才添加到沾麵調味醬裡面混合均勻。

叉燒調味醬

叉燒調味醬也會加以活用，作為拉麵調味醬、筍乾調味、溏心蛋用醬汁、鷹叉燒調味醬的材料使用。

材料

日本酒…3.6ℓ、本味醂…3.6ℓ、上白糖…5kg
味精…500g、金印濃口醬油…1.8ℓ

1 日本酒、味醂煮滾並揮發掉酒精。

2 步驟 1 加入味精、砂糖後開火加熱。

3 沸騰以後繼續煮上 15 分鐘，關火放涼。

昆布、干貝、高湯包放到水裡冷泡 1 晚，次日開火加熱，煮滾以後轉為小火繼續熬煮 40 分鐘。過濾以後加入調味料充分攪拌溶化。

鷹叉燒調味醬

在叉燒調味醬中拌入以辣椒粉、山椒、豆瓣醬與苦椒醬製作而成的「辣醬」。是用來浸泡豬五花肉叉燒的調味醬。

材料

叉燒調味醬…2ℓ、純淨水…3ℓ、黑胡椒…50g
大蒜粉…20g、山椒粉…10g
辣椒醬…80g、一味辣椒粉…100g、辣椒…5g

叉燒調味醬跟水加到一起開火加熱，放入其餘材料煮滾以後，關火放涼。

香辣調味粉

用來添加到「鷹辣沾麵」沾麵醬汁的辣味調味粉。添加各種辛香料調配出層次豐富的香辣滋味。

材料

粗研磨卡宴辣椒…1kg、山椒粉…100g
大蒜粉…50g、黑胡椒…200g、辣椒粉…50g
咖啡、可可粉…100g、內藤辣椒粉…100g

所有材料整體充分攪拌均勻。

蒜油

豬肩胛里肌肉叉燒會於營業期間浸泡在 60 〜 70℃的蒜油裡面。在保溫的同時維持肉質的軟嫩多汁。

材料

大蒜…5 顆
沙拉油…5ℓ
粗研磨卡宴辣椒…20g

材料加到一起開火加熱。煮至大蒜表面金黃以後過濾。

虎粉

咖哩風味的綜合香料。用來添加到沾麵用的高湯之中。沾麵醬汁會在加入虎粉以後變黃。

材料

咖哩粉…300g、薑黃粉…250g、栀子花粉…150g
五香粉…150g、生薑粉…150g、紅辣椒粉…150g
白胡椒…150g、大蒜粉…150g、辣椒粉…75g

所有材料充分攪拌均勻。

辣油

以芝麻油製作而成的自製辣油。用來添加到「鷹辣拉～麵」及「鷹辣沾麵」的沾麵醬汁裡面。

材料

芝麻油…1ℓ、山椒粉…20g
蔥綠…2根、大蒜…50g、生薑…30g
一味辣椒粉…300g、醋…200ml

咖哩油

用來和「虎粉」一起添加到「鷹辣沾麵」裡面的香料油。加上咖哩油會讓顏色變得更黃。

材料

咖哩粉…30g
薑黃粉…5g
沙拉油…400ml

1　在芝麻油裡加入山椒粉、蔥綠、大蒜、生薑，開火加熱至180～200℃。

沙拉油小火加熱，倒入咖哩粉與薑黃粉，熬煮至顏色與香氣顯現。

2　一味辣椒粉與醋預先混合在一起，邊攪拌邊少量添加步驟1的熱油。

蒜香麻油

用來添加到「鷹辣沾麵」沾麵醬汁、「鷹辣拉～麵」高湯裡的香料油。分四階段酥炸大蒜，用食物調理機攪打，製作出蒜香馥郁的蒜香麻油。

材料

沙拉油…1.8ℓ、山椒…100g、蔥…200g
一味辣椒粉…300g、蒜片…300g

2　蒜香麻油放涼，加入經食物調理機攪拌過的炸蒜片與山椒。

1　山椒放入開火加熱的沙拉油裡，稍焦上色以後取出，放入蒜片油炸。分四階段撈出部分大蒜，炸出色澤濃度不同的蒜片。

辣醬

作為浸泡豬五花肉叉燒的「鷹叉燒調味醬」裡的辣味調味料使用。靜置熟成一週再做使用。

材料

洋蔥（事先炒過）…1kg、大蒜…300g
生薑…300g、苦椒醬…200g、麻辣醬…200g
味精…200g、一味辣椒粉…300g

洋蔥、大蒜、生薑加入鍋中，放到 IH 電磁爐上面加熱，邊攪拌邊煮乾水分，避免煮焦。水分煮乾以後，離火放涼，加入剩餘材料攪拌均勻。

溏心蛋

在叉燒調味醬裡添加海鮮高湯，用來製作溏心蛋用醬汁。叉燒調味醬與海鮮高湯的比例為 2 比 1。

材料

雞蛋…90 顆
蛋用調味醬汁…3ℓ

水煮蛋放到蛋用調味醬汁裡面浸泡 1 天。

筍乾

以叉燒調味醬等調味料調味。裡頭還添加大蒜粉做提味。

材料

筍乾（鹽漬）…10kg、純淨水…10ℓ
叉燒調味醬…5ℓ
大蒜粉…30g、味精…50g
粗粒黑胡椒…50g、顆粒狀高湯粉…50g
芝麻油…150ml

1 充分用水清洗稀釋掉鹽分的筍乾，和水、叉燒調味醬、大蒜粉、味精一起放入鍋中煮滾以後，繼續熬煮 40 分鐘，連鍋一起放到冰水上面降溫冷卻。

2 充分瀝去步驟 1 的水分，加入黑胡椒、顆粒狀高湯粉、芝麻油混拌均勻。

專為蒲燒叉燒而來的食客
絡繹不絕

2009年2月開業。其店鋪特色在於「蒲燒叉燒」。厚度十足的豬五花肉經長時間的蒸煮，逼去多餘油脂，浸泡到叉燒調味醬裡面，再用明火烤爐將表面炙烤到醬香四溢。以充滿關東風的蒲燒鰻魚烹調方法，製作出這款「蒲燒風十足」的叉燒。擺放上一整條蒲燒叉燒肉（厚約40㎜、長約20㎝、每條重約500g）的「神山一整條叉燒面」、「神山一整條叉燒沾麵」也相當受到歡迎。叉燒也是該店十分高人氣的外帶商品。

❖ 濃厚神山沾麵 1230 日圓

冠上「神山」店名的拉麵、沾麵內含溏心蛋與兩塊招牌菜蒲燒叉燒。以豬大腿骨、
豬腳、雞骨架、雞爪熬製並加入昆布水與海鮮高湯製作而成的高湯裡，添加以魚
粉、麵粉及沙拉油製成的魚粉糊，製作出風味濃厚的豚骨海鮮風味沾麵醬汁。

❖神山沾麵 1180 日圓

在標準湯頭裡添加了以海鮮高湯增加甜味的沾麵用調味醬。香料油則是在鮮蝦的
香氣之上添加辛香料突顯個性。蒲燒叉燒在營業期間會先浸泡到略加稀釋的叉燒
調味醬裡保溫，以炙烤過脂肪一側的溫熱狀態盛盤。

❖ **神山拉～麵** 1180 日圓

用來加到標準湯頭裡的拉麵調味醬,除了加進海鮮高湯與醬油之外,還添加了蠔油,讓整
體風味與魚貝豚骨高湯更顯對味。筍乾、溏心蛋僅做簡單的調味,以此起到突顯蒲燒叉燒
風味的作用。拉麵與沾麵的麵條皆使用彈牙有嚼勁的中粗直麵。

標準湯頭

在豬大腿骨、豬腳、雞骨架與雞爪熬製的高湯裡，添加昆布水與海鮮高湯製作而成。加入較多的蔬菜，熬煮出鮮味十足的魚貝豚骨湯頭。以標準湯頭為湯底，提高濃度並增添海鮮高湯風味就能製作出濃厚高湯。

材料

豬大腿骨⋯15kg、豬腳⋯15kg、雞爪⋯15kg
雞骨架⋯25kg、豬背脂（絞肉）⋯2kg、洋蔥⋯1kg
鷹爪辣椒⋯20g、生薑⋯200g、大蒜⋯5顆
蔥綠⋯700g、斑點莎瑙魚乾⋯1kg
煙燻沙丁脂眼鯡魚乾⋯1kg
真昆布耳⋯200g、純淨水⋯20ℓ

1 豬大腿骨放到水中浸泡去除血水（剁成一半），豬腳事先燙過1遍仔細清洗，放到大湯鍋底部。

3 待煮滾冒出浮沫以後，撈除浮沫，加入豬背脂。調整水位至160ℓ，蓋上鍋蓋熬煮4小時，並每30分鐘攪拌1次。調整水位至160ℓ後關火。蓋上鍋蓋靜置至次日。

2 接著按雞骨架、雞爪、雞骨架、雞爪的順序層疊放入食材，加水後開火。

4 次日開火，加入蔬菜。由於熱湯溫度低的時候容易焦糊，需要頻繁攪拌。

5 　每 20 分鐘攪拌 1 次，持續熬煮 2 小時。調節水位至 160ℓ 標示處。

6 　2 小時後，加入斑點莎瑙魚乾、煙燻沙丁脂眼鯡魚乾攪拌均勻。

7 　接著熬煮 2 小時半，加入泡水的昆布與昆布水。

8 　熬煮 20 ～ 30 分鐘，關火進行過濾。以上下甩動專用濾網、用湯勺背面擠壓的方式充分過濾。

濃厚高湯

將用來加到沾麵醬汁裡，以綜合魚粉加上沙拉油、低筋麵粉製作而成的魚粉糊加到標準湯頭裡面，調製出濃度提升又帶有海鮮風味的濃厚高湯。

材料

標準湯頭…5ℓ
沙拉油…1ℓ
低筋麵粉…350g
調味魚粉…50g

1 將沙拉油加熱至103℃，加入調味魚粉攪拌，待煮出香氣以後加入低筋麵粉，用打蛋器充分混拌均勻。

2 將標準湯頭煮滾以後，邊攪拌邊少量加入步驟 1，增添濃稠度的同時避免有結塊的情形發生。

拉麵調味醬

以魚乾、昆布、鯖魚柴魚、宗田鰹魚柴魚熬煮的海鮮高湯裡面，除了加入 2 種醬油、鹽巴之外，還添加了蠔油，製作出與魚貝豚骨湯頭十足對味的調味醬。

材料

純淨水…12ℓ、斑點莎瑙魚乾…2kg、真昆布耳…200g
日本酒…3.6ℓ、本味醂…3.6ℓ、宗田鰹魚柴魚…500g
鯖魚柴魚…500g、上白糖…2.5kg、伯方鹽…1.5kg
濃口醬油…18ℓ、薄口醬油…18ℓ
味精…1kg、蠔油…200mℓ

1 將水、煮滾並揮發掉酒精的日本酒與味醂、斑點莎瑙魚乾、昆布放入大湯鍋中冷泡 1 晚。

2 次日開火，撈除冒出來的浮沫。

3 在快要煮滾之前轉為小火，加入鯖魚柴魚、宗田鰹魚柴魚。

沾麵調味醬

用來調製沾麵醬汁的調味醬。在拉麵調味醬裡添加3種糖分加強其本身的甘醇風味。

材料

拉麵調味醬…30ℓ、鯖魚柴魚…1kg
煙燻沙丁脂眼鯡魚乾…1kg、三溫糖…4kg
上白糖…3kg、蜂蜜…1kg

1 將裝有煙燻沙丁脂眼鯡魚乾與鯖魚柴魚的高湯過濾袋，放到拉麵調味醬裡面，開火加熱。

4 大約熬煮30分鐘以後，加入鹽巴、砂糖攪拌均勻。攪拌的時候動作要比較輕柔，避免攪碎魚乾。

2 煮至80℃以後轉為小火，熬上30～40分鐘。在此時取出高湯過濾袋。關火加入砂糖、蜂蜜充分攪拌溶化以後放涼。

5 待砂糖與鹽巴充分煮融以後，加入醬油，開大火煮到即將煮沸的前夕關火。直接靜置至次日進行過濾，加入蠔油混合均勻。

叉燒調味醬

蒲燒叉燒用調味醬。該店不會再將叉燒調味醬拿來作
為製作其他調味醬的部分材料，筍乾與溏心蛋皆備有
其專用的筍乾調味醬與蛋用調味醬汁。

材料

日本酒…3.6ℓ
本味醂…3.6ℓ
黃砂糖…6kg
濃口醬油…18ℓ
伯方鹽…1kg

1　日本酒與味醂煮滾並揮發掉酒精。加入醬油開火加熱。

2　在快要煮滾之前加入鹽巴與砂糖，充分攪拌溶化以後關火。

蝦油

用豬油熬出蝦頭與綜合柴魚的香氣，混入大蒜與洋蔥
風味，再加上芫荽籽的味道，製作出具有多重香氣的
香料油。

材料

蝦頭…2kg
日本酒…200㎖、豬油…15kg
大蒜…1顆、洋蔥…1顆
芫荽籽…20g、蔥綠…500g
綜合柴魚（鯖魚柴魚、鰹魚柴魚、宗田鰹魚柴魚）…100g

1　取一部分豬油翻炒解凍並去掉水分的蝦頭。用搗泥器壓碎蝦
頭，充分帶出蝦子的香氣與甘醇。

2　步驟1加到煮融豬油的湯鍋中，開火加熱。

3 加入蔬菜，混入芫荽籽，維持 100℃～110℃ 的油溫，熬煮至蝦頭呈金黃色澤。

4 蝦頭上色以後，關火倒入綜合柴魚粉混拌均勻。靜置 5 分鐘以後過濾。

5 用細目錐形過濾器進行過濾。立刻連鍋一起放到冰水上面降溫。每一人份拉麵添加 20mℓ。

溏心蛋

以濃口醬油為醬底製作溏心蛋專用調味醬汁。
為防止上色不均勻，以廚房紙巾覆蓋浸泡 1 日。

材料

半熟水煮蛋…180 顆、蛋用調味醬…2ℓ
稀釋用清湯…3.5ℓ

蛋用調味醬 材料

濃口醬油…12ℓ、日本酒…1.8ℓ、本味醂…1.8ℓ
上白糖…2kg、顆粒狀高湯粉…200g

蛋用調味醬 作法

① 日本酒與本味醂煮滾並揮發掉酒精以後，倒入砂糖攪拌溶化。
② 倒入醬油開火煮至快要煮沸前關火，加入顆粒狀高湯粉攪拌溶化。
③ 稍微放涼以後，分裝到湯鍋裡面，浸泡冰水直至完全冷卻，放到冷藏室裡。

蛋用調味醬與稀釋用清湯混合出調味醬汁，放入半熟水煮蛋浸泡於其中。

105

叉燒

為該店聞名遐邇的招牌叉燒肉。豬五花肉塊先蒸出油脂，再浸泡到專用調味醬裡面，接著將脂肪一側炙烤得焦香四溢，製作成充滿關東風格蒲燒鰻魚的叉燒。

材料

豬五花肉（長條狀）…60 條、叉燒調味醬…適量

1 脂肪一側朝下擺放，放上蔥綠，噴上日本酒以後，放到蒸箱蒸上 2 小時 45 分鐘。

3 從調味醬裡取出，縱向對半分切，放入冷藏。

2 從蒸箱裡取出，立刻浸泡到叉燒調味醬裡面。於上方覆蓋一張廚房紙巾，浸泡 60 至 90 分鐘。

4 在營業期間將叉燒肉放入加水稀釋過的叉燒調味醬裡，隔水加熱做使用。以明火烤爐炙烤脂肪一側 5～6 分鐘以後盛盤。

筍乾

製作筍乾專用的調味醬做調味。筍乾調味醬為醬油、砂糖、海鮮高湯調配而成的簡單調味，避免影響到蝦油與焦香蒲燒叉燒肉的風味。

材料

筍乾（鹽漬）…7 包
筍乾調味醬…2.4ℓ
芝麻油…200㎖
粗粒黑胡椒…30g

筍乾調味醬 材料

純淨水…3.5ℓ、濃口醬油…5ℓ
上白糖…2kg、黃砂糖…1kg
味精 B…200g
顆粒狀高湯粉…200g

筍乾調味醬 作法

① 水和醬油加到一起，開火加熱。
② 煮滾以後關火，加入剩餘材料攪拌溶化。連鍋一起浸泡冰水急速冷卻，放入冷藏室保存。

1 鹽漬筍乾提前 1 天用水沖洗稀釋掉鹽分，充分瀝去水分。將筍乾放入鍋中，加入筍乾調味醬開火。邊加熱邊攪拌以避免煮焦，開大火拌煮至整體充分入味。

2 翻炒大約 30 分鐘，確認充分入味以後，在關火前加入芝麻油、黑胡椒，整體混拌均勻。關火後立即進行降溫處理再做冷藏。

麵屋武藏 武仁

秋葉原

東京都千代田区神田佐久間町
2－18－5 アークビル1階

愛上「武仁肉」的食客
日漸增多

2009年6月開業。該店最大的特色在於每塊超過100g的「武仁肉」。先將豬五花肉蒸得軟嫩，再放入調味醬裡面燉煮。炙烤以後淋上用洋蔥與大蒜充分拌炒製作而成的醬香「武仁芡汁」再盛盤。其十足的分量感讓不少人嚐過1次就成了回頭客，上門的顧客更是有一大半都會點選冠上「武仁」店名，內含「武仁肉」的拉～麵與沾麵。

❖ 武仁沾麵 1230 日圓

內含 1 塊超過 100g 的豬五花叉燒「武仁肉」。而「武仁肉」上面又會淋上醬香芡汁。湯頭選用以豬大腿骨、雞爪、豬腳、去皮雞脖、豬腹脂熬製並添加魚乾、鯖魚柴魚煮出來的高湯。採用在拉麵用調味醬裡加入砂糖、蜂蜜、蠔油、伍斯特醬等調味料，製作出更為甘醇的沾麵調味醬，香料油則是帶有魚乾風味的豬油。

❖ 濃厚武仁沾麵 1280 日圓

不僅在標準湯頭裡增添魚乾風味，更加上了先以魚乾熬油再加入魚乾粉與低筋麵粉
製成的「濃稠油」，調製出魚乾風味濃郁的濃厚高湯。其沾麵醬汁由沾麵用調味醬
與濃厚高湯混而合成，再加上魚乾香料油、筍乾、綠蔥花與洋蔥末。

❖武仁拉～麵 1230 日圓

使用以豬大腿骨、雞爪、豬腳、去皮雞脖、豬腹脂下去熬煮，並添加魚乾、鯖魚柴魚製成的標準湯頭，最後再擺上「武仁肉」與溏心蛋。用來調味「武仁肉」的叉燒調味醬同樣也活用於筍乾與溏心蛋的調味上面，融合出風味的一體感，同時也提高與湯頭之間的對味程度。

標準湯頭

以豬大腿骨、雞爪、豬腳、去皮雞脖、豬腹脂下去熬煮，添加魚乾及鯖魚柴魚，於次日進行過濾。在此湯的基礎上又添加魚乾熬煮，並添加先以魚乾熬油再加入魚乾粉與低筋麵粉製成的「濃稠油」，就能製作出魚乾香氣十足的濃厚高湯。

材料

豬大腿骨…20kg、雞爪…20kg
豬腳…5kg、去皮雞脖…15kg
豬腹脂…5kg、大蒜…4 顆、生薑…300g
洋蔥…3 顆、紅蘿蔔…1 根
魚乾…3kg、鯖魚柴魚…500g
叉燒用豬肩胛里肌肉…80 條

1 豬大腿骨、雞爪、豬腳、去皮雞脖泡水去除血水，開火加熱燙煮過 1 遍，倒掉熱水重新蓄水開始熬煮。水位落在 130ℓ 標示處。

2 撈除冒出來的浮沫，大約煮上 2 個小時。

3 加入叉燒用豬五花肉、洋蔥、紅蘿蔔、大蒜、豬腹脂。豬五花肉熬煮 90 分鐘後取出。

4 熬煮 2 個小時以後，加水調節水位至 130ℓ 標示處，每 15 分鐘攪拌 1 次。取出豬五花肉 3 小時以後加入魚乾、鯖魚柴魚。

5 大約煮上1小時以後，每隔10分鐘攪拌1次，再接著熬煮大約1個小時，確認味道、濃度與水位後關火。直接靜置至次日，開火煮滾以後過濾。用鍋底擠壓進行充分過濾。

濃厚高湯

濃厚高湯的作法就是在標準湯頭裡添加魚乾風味，再以魚乾粉製作而成的「濃稠油」增添魚乾香氣的同時增加濃度。

材料

標準湯頭…30ℓ
濃稠油…2.7kg、魚乾…500g

濃稠油 材料

魚乾香料油…4ℓ、魚乾粉…300g
炸魚乾粉…500g、低筋麵粉…4kg

濃稠油 作法

① 魚乾香料油加熱後，加入魚乾粉、炸魚乾粉拌炒，讓香氣滲入油中。

② 轉為小火，邊攪拌邊少量添加低筋麵粉，煮出濃稠感。充分攪拌以後離火放涼。

1 標準湯頭煮滾，放入裝進高湯過濾袋的魚乾，熬上40～50分鐘。

2 取一部分步驟1的標準湯頭，邊攪拌邊少量添加到一部分濃稠油裡。

3 混合好的步驟2加回步驟1的標準湯頭裡面，重複步驟2的動作直至步驟1與所有的濃稠油均勻融合到一起。

拉麵調味醬

第 1 天冷泡出高湯➪第 2 天加入醬油➪第 3 天完成前加工。拉麵用的調味醬需耗時 3 天製作。雖然也可活用浸泡過叉燒的調味醬，但需仔細去除其中所含油脂方能使用。

第 1 天的材料

純淨水…15ℓ、高湯昆布…200g
乾香菇…100g、魚乾…2kg
日本酒…1.8ℓ、味醂…1.8ℓ

第 2 天的材料

鰹魚柴魚（本節）…1kg、薄口醬油…18ℓ
濃口醬油…18ℓ、叉燒調味醬…4ℓ

第 3 天的材料

黃砂糖…2kg、魚露…400㎖
味精 B…500g
味精 A…1kg

1 第 1 天。煮滾並揮發掉酒精的日本酒與味醂、水倒入大湯鍋中，加入昆布、乾香菇、魚乾，冷泡 1 個晚上。

2 次日開火加熱，在煮滾之前加入厚切片鰹魚柴魚，熬煮 40 分鐘。

3 接著加入醬油、叉燒調味醬，在快要煮滾之前關火，直接靜置 1 天。

4 第 3 天開火，加入黃砂糖、魚露。待黃砂糖完全溶化後關火。大致放涼時加入味精充分攪拌溶化。

沾麵調味醬

在拉麵調味醬裡添加砂糖、蜂蜜、蠔油、伍斯特醬製作出風味甘醇的醬汁作為沾麵調味醬使用。加入蒜末、米醋、一味辣椒粉能讓整體味道更顯飽滿。

材料

拉麵調味醬…24ℓ、三溫糖…5kg
大蒜（切末）…200g、蠔油…100㎖
伍斯特醬…100㎖、蜂蜜…200g
米醋…100㎖、七味辣椒粉…15g

拉麵調味醬加熱至 60℃，加入三溫糖攪拌溶化。接著把醋與一味辣椒粉以外的材料一起加入混合。分成每 4ℓ 一等份，分別添加 15g 一味辣椒粉。100㎖米醋則是使用前夕再做添加。

叉燒調味醬

用來浸泡已經煮熟的豬五花叉燒用肉的調味醬。泡過肉的調味醬也會用來製作拉麵調味醬。

材料

濃口醬油…6ℓ、上白糖…2kg、日本酒…1.8ℓ
大蒜…3顆、生薑（切片）…300g、蔥綠…3根

在煮滾並揮發掉酒精的日本酒裡溶入砂糖，接著加入其他材料混合均勻。

武仁芡汁

用來於豬五花肉叉燒盛盤之際淋到上面的醬香芡汁。重點在於製作時要將洋蔥、大蒜用食物調理機攪打至毫無固形的泥糊狀。

材料

濃口醬油…3ℓ、純淨水…3ℓ、上白糖…2kg
洋蔥（切末）…3kg、大蒜…200g、黑胡椒…100g
馬鈴薯澱粉水…650g（馬鈴薯澱粉…250g、純淨水…400㎖）

2 　洋蔥、大蒜糊的水分炒乾以後，加入醬油、水、砂糖一起煮滾。

1 　洋蔥、大蒜糊不加油入鍋翻炒，拌炒至水分收乾。

3 　暫時關火，加入馬鈴薯澱粉水以後再次開火，攪拌至沸騰，以此增添濃稠度。

4 關火，加入黑胡椒充分攪拌均勻。

魚乾香料油

充滿魚乾風味的香料油。添加山椒粉的辣味與香氣作為提味。也會加以活用，作為製作濃厚高湯時添加的「濃稠油」材料使用。

材料

豬油⋯18ℓ、魚乾⋯1kg、生薑（切片）⋯50g
大蒜（切片）⋯2顆、蔥綠⋯3根、山椒粉⋯50g

2 維持 110 ～ 120℃ 的油溫熬煮 30 分鐘以後，加入山椒粉。因為無需做攪拌，直接靜置放涼即可。

1 豬油加熱至 110 ～ 120℃，加入魚乾、大蒜、生薑。因為怕弄碎魚乾，所以不做攪拌。

紅辣醬

用來添加到「辛辣沾麵」沾麵醬汁裡的辛辣調味料。
為了使其甜中帶辣，辣中又帶著辛香料的香氣，營造
出餘味無窮的辣度，往裡頭添加了蔬菜、辛香料與多
重調味料。

材料

大蒜…2kg、洋蔥…2kg、整顆番茄罐頭…2 罐
辣油…400㎖、麻辣醬…500g
甜辣醬…750㎖、一味辣椒粉…700g
孜然粉…70g、芫荽粉…70g
辣椒粉…150g、味精…30g
匈牙利紅椒粉…70g

3 充分加熱並煮乾水分至一定程度以後，關火加入剩餘材料充分攪拌均勻。靜置 1 天再做使用。

1 洋蔥與大蒜切成末，不加油入鍋翻炒至水分收乾。

2 洋蔥與大蒜的水分炒乾以後，加入整顆番茄、甜辣醬、麻辣醬、豆瓣醬與豬油。充分加熱。

豬五花肉叉燒

又稱「武仁肉」的厚切豬五花肉叉燒。每塊分量超過100g。蒸好以後浸泡到調味醬裡面，再以噴槍炙燒表面，淋上被稱為「武仁芡汁」的甜味醬香芡汁再做成盤。

材料

豬五花肉…80 根
生薑汁…適量
叉燒調味醬…適量

1 豬五花肉進蒸箱之前先用水清洗掉血水。脂肪側朝下，平鋪到蒸箱裡面，淋上薑汁蒸上 3 小時。

2 蒸好以後，放到加熱好的叉燒調味醬裡面浸泡 60 分鐘。

3 取出來以後切塊，用噴槍炙燒脂肪側。

4 舀取武仁芡汁淋在炙燒過的那一側，即可盛盤。

標準拉麵用叉燒

標準拉麵搭配的是豬肩胛里肌肉叉燒。放到熬煮標準湯頭的大湯鍋裡一起燙煮。

材料

豬肩胛里肌肉…50 條、叉燒調味醬…適量

熬煮標準湯頭的時候，順便把用網繩捲起來的肩胛里肌肉一起放進去燙煮 90 分鐘，接著放到叉燒調味醬裡面浸泡至次日。

筍乾

以叉燒調味醬、濃口醬油做調味，添加黑胡椒的香氣提味，製作成味道濃郁且能起到變換味道作用的筍乾。

材料

筍乾（薄切鹽漬）…7 包
叉燒調味醬…500㎖、濃口醬油…500㎖
蠔油…100㎖、上白糖…400g
芝麻油…200㎖、黑胡椒…40g、味精…40g

1 筍乾確實清洗去鹽分，充分瀝去水分以後，加入砂糖、醬油、叉燒調味醬一起拌炒。

2 充分翻炒至水分收乾。需小心避免煮焦。

3 水分收乾至一定程度以後關火，倒入芝麻油、黑胡椒、味精整體充分攪拌均勻，放涼。

溏心蛋

活用叉燒調味醬進行調味。是 1 次得做上兩大鍋（約360 顆）的高人氣品項。

材料

雞蛋…360 顆
純淨水…4 ℓ
叉燒調味醬…4 ℓ

雞蛋水煮 6 分鐘，浸泡冰水冷卻以後剝去蛋殼，放到加水稀釋的叉燒調味醬裡面浸泡 1 晚。

辣油

店家自製的辣油，用來添加到「辛辣沾麵」沾麵醬汁
會使用到的辛辣調味料當中。使用芝麻油與沙拉油混
合而成的混合油，製作出別具一番深度的辣油。

材料

芝麻油⋯1.8ℓ
沙拉油⋯4.2ℓ、大蒜⋯6顆
生薑（切片）⋯200g、蔥綠⋯2根
一味辣椒粉⋯500g、純淨水⋯100㎖

3 步驟 **1** 加熱至180℃後關火，倒入步驟 **2** 加水調濕的一味辣
椒粉。直接靜置至次日進行過濾。

1 沙拉油、芝麻油混合到一起熱油，放入橫切一刀的大蒜、切
片生薑、蔥綠下去以大火熬製。加熱至180℃。

2 水和一味辣椒粉加到一起，將辣椒粉打濕。

稀釋用清湯

鯖魚柴魚、宗田鰹魚柴魚、鰹魚柴魚放入冷水裡慢慢
冷泡，冷萃出風味細膩柔和的高湯，作為沾麵醬汁的
稀釋用清湯備用。

材料

純淨水⋯30ℓ、鯖魚柴魚⋯70g
宗田鰹魚柴魚⋯70g、鰹魚柴魚⋯70g

1 所有材料加到一起冷泡1天。夏天泡入冰水冷泡。

2 次日加熱煮沸，過濾後即可完成。

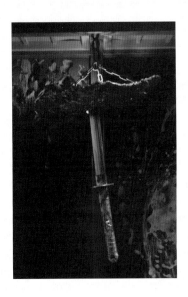

將培根叉燒
作為一大招牌菜!

2010年3月開業。招牌菜為培根叉燒。豬五花肉先浸泡到特製的叉燒調味醬中,再以絕妙的火候煙燻。這樣製作出來的培根叉燒能同時享用到叉燒與培根二者間的魅力,既具有厚切叉燒的多汁,又帶有培根的煙燻香氣與鐵板炙燒的焦香。在拉麵、沾麵的各個方面都費上一番工夫亦是該店尤為鮮明的特色所在。

❖ 嚴虎沾麵 1120 日圓

這道冠上了「嚴虎」店名的沾麵內含招牌菜培根叉燒與豬五花肉叉燒。擺在麵條上面的培根
叉燒在浸泡過調味醬、煙燻過後，用烤盤烙上烤痕，淋上大蒜黑胡椒風味的醬香醬。沾麵用
的香料油使用的是鰹魚油。

❖ 嚴虎濃厚沾麵 1170 日圓

濃厚高湯使用比拉麵高湯還要多的豬大腿骨、雞骨架、雞爪、豬腳,並增添數種乾貨與豬油一起另外熬製。在拉麵調味醬裡頭多加了黃砂糖、中式高湯調味料、穀物醋製成沾麵調味醬。

❖ 七味沾麵 920 日圓

沾麵醬汁裡頭添加了以大蒜、匈牙利紅椒粉增添風味的專用辣油，以及混入胡椒、芫荽粉等辛香料的專用香料粉。麵條上方會單面撒上七味辣椒粉，其辣椒粉的分量有「多一點」、「少一點」、「正常」可供選擇。照片為「正常」。

125

❖ 嚴虎拉～麵 1120 日圓

擺在拉麵最上面的培根叉燒，會先撒上以黑胡椒與奧勒岡等辛香料調配而成的培根鹽再做盛盤。溏心蛋的調味配合煙燻培根叉燒，使用經過煙燻的叉燒調味醬作為蛋用調味醬汁。拉麵的香料油則是豬背脂與魚乾香料油混合而成。

拉麵高湯

以豬大腿骨為中心,加入雞骨架、雞爪與豬腳下去熬煮,並添加魚乾。考慮到要搭配經過煙燻製程的培根叉燒,海鮮高湯的部分僅使用魚乾這項材料。

材料

豬大腿骨…18kg、雞爪…5kg
豬腳…3kg、雞骨架…3kg
豬背脂(絞肉)…2kg、生薑…150g
大蒜…4 顆、日本酒…100㎖
魚乾…6.5kg、叉燒用豬五花肉…10 條
叉燒用豬肩胛里肌肉…6 條

1 豬大腿骨事先燙煮過 1 遍,撈乾淨冒出來的浮沫以後,倒掉熱水。

3 煮滾以後加入大蒜、日本酒、生薑。

2 加入解凍好的雞爪與豬腳,加水至水位達 90ℓ 標示處,開大火熬煮。

4 接著放入用棉線捲包好的叉燒用豬五花肉、要用來添加到沾麵醬汁裡的豬肩胛里肌肉。煮滾以後轉為小火。豬五花肉、豬肩胛里肌肉在熬煮 130 分鐘的時候取出。

5 豬五花肉與豬肩胛里肌肉都取出以後，倒入解凍好的雞骨架與絞肉狀豬背脂。此時要加水調節水位至 90ℓ 標示處。火力轉回大火。

6 大約熬煮 3 小時，再次加水至水位回復 90ℓ 標示處。此時開始每 10 分鐘攪拌 1 次，繼續開大火熬煮 4 小時半。時間到了以後關火，確認水位，靜置至次日。

7 次日一早開火，加入銀彭納石首魚乾 ※ 一起拌煮。煮滾以後轉為中火。

8 熬煮 1 小時半，過濾。作為當日營業用高湯使用。

濃厚高湯

不採用以拉麵高湯為湯底再進一步增加濃度與芳醇度的製法，而是另外增加豬大腿骨、雞骨架、雞爪、豬腳等動物系高湯的材料，連帶增加鯖魚柴魚、宗天鰹魚柴魚、魚乾的分量，並加入豬油一起另外熬製而成。

材料

豬大腿骨…30kg、豬腳…6kg、雞爪…15kg
雞骨架…20kg、豬背脂（絞肉）…6kg
鯖魚柴魚…1kg、宗田鰹魚柴魚…320g、魚乾…300g
豬油…2kg、生薑…100g、大蒜…8 顆、蔥綠…15 根

1 豬大腿骨事先燙過 1 遍，在快要沸騰前撈除浮沫並換過 1 次水。加入解凍的雞爪、豬腳，加水調節水位至 100ℓ，開大火熬煮 5 小時，關火靜置至次日。

2 次日加入事先泡水去除血水的雞骨架，開大火熬煮。

※ 銀彭納石首魚乾：シログチ煮干し，別名又稱白姑魚，俗名白口、帕頭、黃順。

3 熬煮大約 1 小時半以後，加入蔬菜類食材與絞肉狀豬背脂。
接著熬煮 2 小時並每 10 分鐘攪拌 1 次。

6 加入魚乾類食材以後繼續熬煮 2 小時，確認味道是否達標。

4 煮上 2 小時以後，改為每 7 分鐘攪拌 1 次，繼續熬煮 1 小時。
時間到了以後，改為每 5 分鐘攪拌 1 次，接著往下熬煮 1 小時。

5 接下來加入鯖魚柴魚、宗田鰹魚柴魚、魚乾與豬油。轉為小
火，每 10 分鐘攪拌 1 次。

7 確認好以後，進行過濾。用鍋底擠壓，確實過濾乾淨。

拉麵調味醬

使用 3 種醬油、叉燒調味醬（浸泡叉燒用的醬汁）、魚乾、宗田鰹魚柴魚等多重材料，耗時 2 天製作而成的調味醬。也會以此調味醬為醬底製作出沾麵用的調味醬。

材料

純淨水…5ℓ、魚乾…1kg
日本酒…3.6ℓ、本味醂…3.6ℓ
濃口醬油…18ℓ、薄口醬油…18ℓ
叉燒調味醬…5ℓ、宗田鰹魚柴魚…1.5kg
黃砂糖…1kg、味精…2kg
溜醬油（熟成濃醬油）…5.4ℓ

3 到煮滾前都開大火熬煮，加入宗田鰹魚柴魚熬煮 40 分鐘。

1 日本酒與味醂煮滾並揮發掉酒精。接著加入叉燒調味醬與醬油。

4 煮滿 40 分鐘以後加入鹽巴、黃砂糖，關火。大致放涼以後加入溜醬油、味精充分溶化。靜置 2 天以後再做使用。

沾麵調味醬

在拉麵調味醬裡加上甜味與醋味製作而成。重點在於要砂糖與味精要充分攪拌融化，並且等放涼以後再加醋，避免減損醋的風味。

材料

拉麵調味醬…8.4ℓ
上白糖…3.6kg
中式高湯調味料…120g
穀物醋…900㎖

2 加入事先浸泡 1 晚的冷泡魚乾高湯，開火加熱。

叉燒調味醬

用來浸泡叉燒用豬五花肉捲與豬肩胛里肌肉用的調味
醬汁。浸泡溏心蛋用的醬汁則是經過煙燻的叉燒調味
醬。

材料

> 濃口醬油⋯18ℓ、薄口醬油⋯18ℓ、上白糖⋯12kg
> 日本酒⋯3.6ℓ、大蒜⋯1顆、生薑⋯100g
> 蔥綠⋯5根、味精⋯150g

開火加熱醬油，加入砂糖、大蒜、生薑與蔥綠煮至沸騰。煮滾以後關火，溶入味精。

培根調味醬

用來為培根叉燒用豬五花肉調味的調味醬。以叉燒調
味醬和醬油為醬底，加入五香辣椒粉、大蒜粉，並添
加匈牙利紅椒粉、月桂葉等香草植物製作而成。

材料

> 純淨水⋯3.5ℓ、叉燒調味醬⋯1ℓ、濃口醬油⋯600㎖
> 上白糖⋯500g、伯方鹽⋯500g、辣椒粉⋯50g
> 孜然粉⋯20g、匈牙利紅椒粉⋯100g
> 粗粒黑胡椒⋯50g、月桂葉⋯6片
> 味精⋯50g

1 拉麵調味醬開火加熱至50℃。待溫度上來以後，加入砂糖、味精充分攪拌溶化。完全溶化以後關火。

2 步驟1放涼以後加醋混合均勻。

將水、叉燒調味醬、醬油放入鍋中開火加熱，加入剩餘材料充分煮溶後，直接放涼冷卻。

131

香料油

用來添加到沾麵醬汁之中，在鰹魚風味之上添加黑胡椒辣味的香料油。不僅使用沙拉油，還摻入豬油增加甘醇風味。

材料

沙拉油…6ℓ、豬油…2ℓ
生薑…1小塊（約15g）、大蒜…1顆
蔥綠…3根、鰹魚柴魚（本節）…250g
宗田鰹魚柴魚…350g、黑胡椒（粒）…300g

1 沙拉油與豬油加到一起開火加熱，加入大蒜、蔥綠、生薑熬煮出香氣。

3 熬好以後，以食物調理機將鰹魚柴魚片、宗田鰹魚柴魚片、黑胡椒粒一同攪打成細緻的液狀。

2 煮出香氣以後，取出大蒜、生薑與蔥綠，加入厚切片鰹魚柴魚、厚切片宗田鰹魚柴魚、黑胡椒粒熬上60分鐘。

魚乾背脂

作為拉麵香味油添加的豬背脂。烹調成帶有魚乾香料油風味的成品。

材料

沙拉油…6ℓ
大蒜…1 顆
蔥綠…1 根
小魚乾…1kg
豬背脂…10kg

1 豬背脂中加水，開火煮沸以後燙煮 90 分鐘。燙煮好以後，用食物調理機攪打成粗絞肉狀。

2 沙拉油開火加熱，加入以大蒜與魚乾熬出香氣的魚乾香料油，以及步驟 1 用食物調理機絞碎的豬背脂。

七味沾麵用辣油

用來加到七味沾麵醬汁裡的專用辣油。其中添加了炸蒜酥、炸洋蔥酥，以及匈牙利紅椒粉，

材料

沙拉油…5ℓ、大蒜…2 顆
生薑…3 小塊、蔥綠…5 根
炸蒜酥…400g
炸洋蔥酥…600g、一味辣椒粉…300g
匈牙利紅椒粉…400g

1 沙拉油加熱，加入切片大蒜、生薑與蔥綠，熬至散發出香氣。煮至大蒜呈金黃色澤以後，取出三樣蔬菜。

2 炸蒜酥與炸洋蔥酥碾碎以後，加到步驟 1 裡面熬出香氣。

3 散發出香氣以後，加入一味辣椒粉與匈牙利紅椒粉混拌均勻後，關火放涼。

沾麵用香料粉

用來添加到沾麵醬汁裡的綜合香料。混入黑、白胡椒粉與芫荽粉，在辣味之中增添一抹別具特色的香氣。

材料

一味辣椒粉…1.2kg、黑胡椒…1.2kg
芫荽粉…100g、白胡椒…50g

所有材料充分混拌均勻。

調味魚粉

用來加到沾麵醬汁中增添海鮮風味的綜合調味魚粉。

材料

魚乾粉⋯1kg、鰹魚柴魚粉⋯2kg
鯖魚柴魚粉⋯2kg

所有材料加到一起充分混拌均勻。

培根叉燒

豬五花肉先浸泡到培根叉燒調味醬中，再進行煙燻。
接著縱向切成薄片並用烤盤雙面炙燒，盛放到拉麵上
面之際撒上培根鹽，盛放到沾麵上面時則淋上培根醬
香醬。

材料

豬五花肉⋯40條（1條700～800g）
培根調味醬⋯8ℓ、櫻花木屑300g、黃砂糖⋯80g

2 豬五花肉去掉多餘調味醬以後，垂掛到煙燻機裡面。在煙燻機下方鋪上鋁箔紙避免底盤焦掉。

3 以最大火力加熱1小時，蒸散一定水分以後，放上黃砂糖、櫻花木屑進行煙燻。開30分大火讓櫻花木屑充分點火以後，轉為小火燻製30分鐘。

1 用叉子在洗去血水的豬五花肉上面戳洞，讓豬肉呈垂直狀態掛到S型釣鉤上面，平鋪到培根調味醬裡面浸泡18小時。

4 縱向切片，放到烤盤上面雙面炙燒上烤痕。拉麵用會撒上培根鹽，沾麵用則淋上培根培根醬香醬。

培根醬香醬

又燒培根盛放到沾麵上面時會淋覆的醬料。又燒調味醬添加了大蒜與黑胡椒濃郁的香氣，並以馬鈴薯澱粉水增加濃稠度，製作出淋到培根又燒上面也不會流到別處的淋醬。

材料

沙拉油…2ℓ、又燒調味醬…8ℓ
粗粒黑胡椒…800g
大蒜 800g、味精…50g
上白糖…100g、水…200mℓ、馬鈴薯澱粉…200g

1 沙拉油加熱，加入蒜末拌炒。炒到蒜末開始變色以後，加入粗研磨黑胡椒。

2 大蒜變成茶褐色以後，加入又燒調味醬混拌均勻。接著加入味精與砂糖攪拌溶化。

3 再此煮滾以後，加入馬鈴薯澱粉水增加濃稠度。

4 關火用食物調理機充分攪打乳化以後，即可完成。

培根鹽

培根叉燒用烤盤炙燒至表面留下烤痕，再擺放到拉麵上面時會撒上的綜合香料鹽。用加了奧勒岡、黑胡椒、大蒜粉的海鹽增添風味。

材料

粗粒黑胡椒…200g、大蒜粉…200g
伯方鹽…120g、奧勒岡粉…20g

所有材料充分混拌均勻。

2 放到叉燒調味醬裡面，蓋上落蓋浸泡 1 天再取出。叉燒調味醬會每天進行過濾，添加蔬菜、味精與新的叉燒調味醬補足分量，煮滾以後再做使用。

叉燒

叉燒的部分，拉麵上面擺放的是豬五花肉叉燒，沾麵醬汁裡面則是豬肩胛里肌肉叉燒。二者皆會在熬製拉麵高湯的時候放到大湯鍋裡一起燙煮 130 分鐘，接著再浸泡到叉燒調味醬裡。

材料

豬五花肉…10 根、豬肩胛里肌肉…6 條
叉燒調味醬…適量

1 熬煮拉麵用高湯的時候，將豬五花肉與肩胛里肌肉放進去一起熬煮 130 分鐘。

筍乾

充分洗去鹽分的筍乾會用拉麵高湯或叉燒調味醬、蠔油等調味料製成的筍乾調味醬進行調味。若只添加芝麻油會在搭配高湯的時候顯得香氣過濃，所以摻入沙拉油做調配。

材料

筍乾（鹽漬）…17kg、筍乾調味醬…3ℓ
拉～麵高湯…1ℓ、沙拉油…200㎖、芝麻油…200㎖

筍乾調味醬 材料

拉～麵高湯…400㎖、薄口醬油…1.2ℓ
本味醂…800㎖、叉燒調味醬…600㎖
蠔油…100㎖、上白糖…1.2kg
大蒜…50g、豆瓣醬…100g
味噌…100g、味精…120g

1 筍乾放入熱水中清洗，倒過1遍熱水後開火煮至沸騰以後，開小火煮上30分鐘，用冷水沖洗。重複此步驟3至4次，去除鹽分。

2 倒入網篩裡靜置一整晚，徹底瀝去水分後放入鍋中，加入筍乾調味醬、拉～麵高湯拌煮。

3 煮至水分收乾，確認味道是否達標以後關火，加入芝麻油與沙拉油的混合油充分混拌均勻。

溏心蛋

為了讓味道與製成煙燻風味的培根叉燒更加對味，溏心蛋的調味醬汁裡也添加了煙燻過的叉燒調味醬來做調味。

材料

雞蛋…100顆、蛋用調味醬汁…適量

將煮熟的雞蛋放入具有煙燻香氣的燻製叉燒調味醬、溫水和和糖製成的蛋用調味醬汁中浸泡1日。

蛋用調味醬汁 材料

稀釋用清湯…4ℓ、燻叉燒調味醬…2.2ℓ、上白糖…200g

燻製叉燒調味醬 材料

叉燒調味醬…5ℓ、煙燻液…75㎖、櫻花木屑…適量

1 使用製作煙燻培根叉燒時用的同款櫻花木屑，將叉燒調味醬放到煙燻機裡低溫煙燻。

2 將煙燻液加到煙燻過的叉燒調味醬裡面攪拌均勻。

麵屋武藏 武骨相傳

上野

東京都台東区
上野 6－11－15

軟嫩又充滿香料風味的
烤豬肉也能成為主角！

2011 年 6 月開業。承襲「麵屋武藏武骨」（御徒町）的精神與技術，同樣以沾麵為拿手招牌。和「武骨」一樣都備有黑、白、紅湯汁。「武骨相傳」的「黑湯」選用以慢火油炸辛香蔬菜的豬油再加上炒熟的黑芝麻與竹炭，製作出具有深度與濃醇度的香料油。「紅湯」是以豬油熬煮紅蝦頭並添加一味辣椒粉與豆瓣醬製作而成的香料油。「白湯」則是用豬油熬煮沙丁魚乾等材料製作而成的香料油。在豬肩胛里肌肉上面塗抹醬油麴並浸泡到調味醬裡再做烹烤的烤豬肉也同屬店內招牌。

❖ 白相傳沾麵 1150 日圓

冠上「相傳」店名的拉麵與沾麵內含招牌菜烤豬肩胛里肌肉與溏心蛋。「白」是用豬油加上鯖魚柴魚、宗田柴魚和沙丁魚乾增添濃郁風味的香料油與豚骨高湯混合而成的沾麵醬汁。目前烤豬肉片上面會先撒上岩鹽、奧勒岡、百里香、大蒜粉、黑胡椒混合而成的綜合香料再盛盤。

❖黑相傳沾麵 1150 日圓

「黑湯」使用的沾麵醬汁是以食物調理機攪打過的黑芝麻，以及炸蒜酥、乾燥洋蔥、食用竹炭粉等材料加到油裡再次攪打過 1 遍的香料油與豚骨高湯混合而成。添加竹炭目的除了意在強調漆黑色澤之外，也是為了有益健康達到補充礦物質的效果。烤豬肉過去會在供應前夕塗抹專用調味醬，後來改為撒上香料。

❖紅相傳沾麵 1150 日圓

「紅」使用的沾麵醬汁由豚骨高湯，以及邊搗碎紅蝦頭邊熬煮出鮮蝦香氣的豬油與添加了蒜油、一味辣椒粉、豆瓣醬、匈牙利紅椒粉、花山椒的豬油混合而成的香料油調配而成。能享用到在味蕾裡擴散開來的香辣滋味。沾麵醬汁裡面更添加了浸泡過專用叉燒調味醬的叉燒碎肉。

❖ 相傳拉～麵 1150 日圓

除豬大腿骨、雞爪、豬背骨之外，還添加豬頭一起熬上近 10 個小時，打開豬頭繼續熬煮出濃郁豚骨高湯，加上魚乾製作而成。調味醬更是使用以高湯、醬油、鹽巴、砂糖熬製而成的濃郁醬汁。如此調配出來的麵湯也襯得水潤多汁的烤豬肩胛里肌肉更加可口美味。

營業用高湯

用豬大腿骨、雞爪、豬背骨、豬腳、豬頭燉煮大約 10 小時以上，充分熬出豚骨高湯，最後再加入魚乾熬製而成。不添加一般會用來去腥的蔥薑蒜。

材料

豬大腿骨…15kg、雞爪…15kg
豬背骨…5kg、豬腳…5kg、豬頭…5kg
魚乾…3kg、豬背脂…5kg

1 豬大腿骨、雞爪、豬背骨、豬腳、豬頭先燙過 1 遍，撈除浮沫並倒掉熱水。清洗骨頭類食材，再次倒入熱水熬煮。

2 撈除冒出來的浮沫，加入豬背脂熬煮。豬背脂煮上 2 小時即可取出，用食物調理機攪打成糊狀。

3 一邊加水調節水位至 130ℓ 標示處，一邊熬上 2 小時半的時間。敲碎豬頭，接著繼續熬煮並每隔 30 分鐘攪拌 1 次。調節水位至 140ℓ 再熬上 5 小時後關火，靜置至次日。

4 次日先大致攪拌過 1 次以後開火加熱，熬上 2 小時並每隔 30 分鐘攪拌 1 次。

5 倒入魚乾。接著熬煮 4 小時。由於容易煮焦，需要每隔 20 分鐘就攪拌 1 次。

6 確認濃度達 9 以後關火，進行過濾。

拉麵調味醬

將高湯、醬油、鹽巴、砂糖加到一起，用熬煮收汁的方式來營造出濃度，再加入還添加豬頭熬製的豚骨高湯調配出來的拉麵用調味醬。也會以此調味醬為醬底，製作沾麵用的沾麵醬汁。

材料

純淨水…20ℓ、高湯昆布…1kg
日本酒…1.8ℓ、味醂…1.8ℓ
綜合柴魚…300g、濃口醬油…18ℓ
薄口醬油…18ℓ、伯方鹽…2kg
三溫糖…2kg、黃砂糖…2kg
味精 B…500g、味精 A…500g

3 熬煮收汁以後，加入味精充分攪拌溶化。

1 日本酒與味醂煮滾並揮發掉酒精，和水加到一起，放入昆布與裝進高湯過濾袋的綜合柴魚冷泡1晚。次日加熱煮沸，轉為小火熬煮30分鐘。

2 煮好以後加入濃口醬油、薄口醬油、黃砂糖、砂糖、鹽巴繼續熬煮至水位下降至60ℓ。

4 溶化以後過濾放涼。40ℓ作為沾麵調味醬材料使用，20ℓ作為拉麵調味醬使用。

沾麵調味醬

以拉麵調味作為醬底製作出沾麵用調味醬。在拉麵調味醬裡添加甜味與味精，調配出味道更加甘醇的調味醬。

材料

拉麵調味醬⋯10ℓ、三溫糖⋯2kg
上白糖⋯700g、味精⋯400g

做完拉麵調味醬最終過濾步驟以後，稍作放涼再加入三溫糖、上白糖、味精攪拌溶化。

醃漬用叉燒調味醬

用來浸泡叉燒的調味醬。由醬油、砂糖、鹽巴與生薑調製而成，製作成簡單的醬油調味醬。

材料

純淨水⋯10ℓ
上星醬油⋯18ℓ、上白糖⋯6kg
生薑（切末）⋯2kg
鹽⋯2.5kg

所有材料加到一起，充分攪拌混合均勻。

醬油麴

用來在製作烤豬肉之際塗抹於其脂肪一側的醬料。塗上醬油麴以後，再浸泡到醃叉燒調味醬裡面，起到可以將豬肩胛里肌肉烤得軟嫩多汁的作用。

材料

醬油⋯1.5ℓ、米麴⋯1.5ℓ

1　米麴放入煮飯鍋的內鍋中，倒入事先加熱並完全放涼的醬油。

2　內鍋放回煮飯鍋裡，以保溫模式加熱9小時。期間不做攪拌。

烤肉蘸醬

過去用來在供應前夕塗抹到烤豬肉上面的辣味調味醬。以前薄切烤豬肉片會用刷子在上面刷上一層醬料，厚切烤豬肉片則會淋上醬料底部較為濃稠的部分，目前改為撒上綜合香料。

材料

蘋果⋯2顆、洋蔥⋯8顆、生薑⋯500g、大蒜⋯250g
蛋用調味醬汁⋯5ℓ、三溫糖⋯1kg、日本酒⋯900㎖
蠔油⋯300㎖、豆瓣醬⋯150g、味醂⋯900ℓ
甜麵醬⋯1kg、味精⋯200g
伯方鹽⋯300g、山椒⋯30g、濃口醬油⋯1ℓ

1 大蒜、生薑、洋蔥、蘋果以食物調理機攪打成碎末狀。

2 濃口醬油和浸泡溏心蛋用的蛋用調味醬汁加到一起開火加熱，倒入步驟 1 的蘋果碎末。

3 煮滾後加入三溫糖、鹽巴、山椒，充分攪拌均勻，加入蠔油、豆瓣醬、甜麵醬、煮滾並揮發掉酒精的日本酒與味醂，轉為小火煮上 10 分鐘後關火，加入味精使其充分溶化。

蛋用調味醬汁

用來浸泡水煮蛋的調味醬汁。因為搭配的「白」、「黑」、「紅」3 種香料油各具特色，所以溏心蛋的調味材料很簡單地僅由醬油、砂糖與味精所組成。

材料

> 日本酒…900㎖
> 純淨水…5ℓ
> 濃口醬油…9ℓ
> 三溫糖…3kg
> 味精…50g

1 日本酒煮滾揮發掉酒精以後，加水開火加熱，倒入三溫糖充分溶化。

2 倒入醬油煮滾，加入味精充分攪拌溶化以後關火放涼。

白油

用來添加到「白相傳沾麵」、「白相傳拉～麵」裡的白香料油。用豬油熬煮沙丁魚乾、鯖魚柴魚、宗田鰹魚柴魚。取一部分過濾出來的魚乾、柴魚渣和熬好的豬油一起用食物調理機攪打出帶有濃稠度的成品。

材料

> 豬油…18ℓ、宗田鰹魚柴魚…500g
> 鯖魚柴魚…500g、生薑…200g
> 沙丁魚乾…250g

1 沙丁魚乾放到平底鍋裡乾炒至散發出香氣。

黑油

用來添加到「黑相傳沾麵」、「黑相傳拉〜麵」裡的黑香料油。將食物調理機攪打過的炒黑芝麻，以及炸蒜酥、乾燥洋蔥、食用竹炭粉等材料加到油裡再次攪打過 1 遍。添加竹炭旨在增強漆黑色澤，也是為了有益健康達到補充礦物質的效果。

材料

豬油…18ℓ、大蒜…3kg、蔥綠…20 根
洋蔥…150g、生薑…50g、黑芝麻…1kg
竹炭…50g、炸蒜片…1kg

2 豬油加熱至90℃，放入生薑片、宗田鰹魚柴魚、鯖魚柴魚、乾煎沙丁魚乾，轉為小火熬煮20分鐘。

3 關火靜置20分鐘之後進行過濾。

4 過濾出來的魚乾、柴魚取出一半，和大致放涼的豬油一起用食物調理機攪打，倒回去充分攪拌均勻。

1 黑芝麻倒入平底鍋中乾炒，炒到芝麻跳起來以後，放入物調理機中攪打成細緻粉末。

2 取一部分豬油加熱至 180℃，倒入黑芝麻粉裡混拌均勻。

1 取一部分豬油加熱至90℃，倒入紅蝦頭熬煮。維持90℃的油溫，邊用搗泥器擠壓邊熬煮。

2 一部分豬油加熱至180℃，倒入剁碎的蒜末拌炒至表面變為茶褐色。

3 一味辣椒粉與豆瓣醬加到一起，澆入加熱至180℃的豬油混拌均勻。

3 在另一個湯鍋裡加熱豬油，倒入剁碎的蒜末翻炒至表面變為茶褐色。

4 蔥綠、生薑片、洋蔥絲放到95℃的蒸烤箱裡加熱2小時進行乾燥。

5 加了油的黑芝麻、炸蒜酥與蒜油、乾燥蔬菜與竹炭一起用食物調理機攪打混合到一起。

紅油

用來添加到「紅相傳沾麵」、「紅相傳拉～麵」裡的紅香料油。不單單只在豬油裡添加一味辣椒粉、豆瓣醬、匈牙利紅椒粉、花山椒等調味料增添香辣滋味，還能享用到邊搗碎紅蝦頭邊用豬油熬煮出來的鮮蝦香氣。

材料

豬油…18ℓ、大蒜…1kg、一味辣椒粉…1kg
豆瓣醬…1kg、匈牙利紅椒粉…150g
卡宴辣椒粉…150g、花山椒粉…400g
紅蝦頭…2kg

4 　熬煮紅蝦頭的豬油、炸大蒜的豬油、澆上一味辣椒粉的豬油加到一起，靜置至次日。

5 　次日混入匈牙利紅椒粉、卡宴辣椒粉、花山椒，用手持式食物攪拌棒充分攪打均勻。

濃厚調味醬

用來添加到營業用高湯製作成濃厚高湯的魚粉糊。以帶有乾貨風味的白油為底，增添魚粉的風味，再以低筋麵粉增加濃稠度，提升高湯的濃度。

材料

白油…4ℓ、魚粉…400g、低筋麵粉…4kg

魚粉糊 材料

鰹魚柴魚粉…4kg、鯖魚柴魚粉　4kg
魚乾粉…4kg、味精…1kg
一味辣椒粉…1kg

1 　白油加熱至120℃。熱度夠了以後，加入魚粉糊充分攪拌均勻，帶出香氣。

2 　煮出香氣以後轉為小火，一邊少量添加低筋麵粉，一邊用打蛋器充分攪拌均勻，關火。

烤豬肉

用醬油麴讓肉質變得柔嫩多汁的同時，浸泡到專用的醬香調味醬裡面，撒上粗粒黑胡椒進行烹烤。使用蒸烤箱，設定讓溫度緩慢上升，烹烤出水嫩多汁的完成品。以往切片之後會塗抹烤肉蘸醬，但目前改為撒上綜合香料。

材料

豬肩胛里肌肉、醬油麴、粗粒黑胡椒
醃漬用叉燒調味醬、烤肉蘸醬

3　從調味醬裡取出，整體撒上粗粒黑胡椒。

4　放入蒸烤箱裡分別以最初 85℃ 35 分鐘，接著 105℃ 35 分鐘、125℃ 40 分鐘、200℃ 13 分鐘的溫度與時間烹調。

1　在豬肩胛里肌肉的脂肪一側塗抹上醬油麴。倒入醃漬用叉燒調味醬醃泡，覆蓋廚房紙巾浸泡1天。

2　上下翻面，蓋上廚房紙巾再次浸泡1天。

5　為避免分切時受力擠壓變形，大致放涼以後刺入烤肉叉做固定，切成薄片。以往盛盤以後會塗抹烤肉蘸醬，目前改為撒上綜合香料。

筍乾

用蠔油、濃口醬油增添芳醇度的同時，添加豆瓣醬的辣味作為提味，並加入浸泡溏心蛋用的調味醬汁，讓同為配料的二者在風味上能取得協調。

材料

筍乾（鹽漬）⋯10kg、黃砂糖⋯350g
蠔油⋯100㎖、濃口醬油⋯250㎖
蛋用調味醬汁⋯400㎖、味精⋯20g
豆瓣醬⋯100g、黑胡椒⋯20g

3 充分拌炒到水分收乾，翻炒至整體充分入味。

1 前1天事先數次用水清洗掉筍乾的鹽分並瀝乾水分，用沙拉油（分量外）翻炒。

4 收汁到一定程度且充分入味以後，撒上黑胡椒充分攪拌。不添加最後加工用的芝麻油。

5 倒入略寬大的容器裡鋪開，冷卻以後再做使用。

2 整體均勻裹覆沙拉油以後，加入黃砂糖與味精再次翻炒均勻。接著加入蠔油、醬油、蛋用調味醬汁、豆瓣醬拌煮。

忠實體現「麵屋武藏」
溫故知新的店鋪

「麵屋武藏 青山」現已不復存在。而本店正是為了向當時
開在東京青山的這家創始店致敬且更加精益求精於 2011 年
9 月開業的系列店鋪。致力於以「麵屋武藏」1996 年創業
之際的食譜為基礎，靈活運用最新的烹調技術與烹調用具汲
取創業之初的體系之際，也不斷創作出「新的美味拉麵」。
滷豬肉採用從店名虎嘯聯想到而到的胡椒調味，將胡椒融入
其中。

152

❖ 虎嘯拉〜麵 1170 日圓

冠上店名「虎嘯」的拉麵、沾麵內含黑胡椒風味強烈的厚切滷豬肉與溏心蛋。採用以豬大腿骨、豬腳、老雞、豬背脂、昆布高湯熬煮出來的動物系高湯，再加上用魚乾、鯖魚柴魚、秋刀魚柴魚、飛魚乾、乾燥花蛤熬製出來的高湯，調配出風味清爽的湯頭。使用的中粗平打麵為揉入胡椒的胡椒麵。

❖ 虎嘯沾麵 1170 日圓

沾麵內含的滷豬肉不刻意對半切成兩小塊，而是直接擺在上面強調肉的分量感。沾麵醬汁由增加了甘醇風味的拉麵調味醬與營業用高湯調配而成。醬汁裡還添加了可以享用到清脆口感的 3 cm 白蔥段與蔥香濃郁的青蔥花 2 種不同的蔥。同時還添加了滷豬肉的邊角肉，並加上以生薑風味做提味的香料油。

❖ 濃厚虎嘯沾麵 1220 日圓

店裡最熱賣的商品。使用的濃厚高湯並非是增加濃度的營業用高湯，而是另外
單獨熬製出來的。使用比營業用高湯分量還要多的豬大腿骨、豬腳、雞爪、豬
背脂下去熬煮，最後再用攪拌機絞碎提高整體濃度，製作出味道更加濃郁的高
湯。

動物系高湯

用來調配出標準拉麵「清爽」湯頭的湯底正是這款動物系高湯。以豬大腿骨、豬腳、老雞、昆布與香菇熬煮而成。此高湯再加入秋刀魚柴魚等柴魚類食材下去熬煮，即可完成營業用高湯（風味清爽）。

材料

純淨水⋯20ℓ、豬大腿骨⋯10kg、豬腳⋯2kg
老雞⋯2隻、豬背脂⋯5kg
高湯（高湯昆布 120g、乾香菇 60g、純淨水 10ℓ）
　　　⋯10ℓ
大蒜⋯2顆、蔥綠⋯100g

1　高湯昆布、乾香菇事先冷泡1晚。次日過濾並將過濾出來的昆布與香菇裝入高湯過濾袋中，後續可再用於熬製動物系高湯。

2　將事先燙煮過1遍的豬大腿骨、豬腳、老雞與冷泡高湯加到一起，開火煮滾並撈除浮沫。

3　撈淨浮沫以後，加入絞肉狀豬背脂、蔥綠、大蒜，用小火熬煮4小時。

4　即將完成的1小時前放入裝進高湯過濾袋的昆布與香菇。

5　煮上1小時，進行過濾。

156

營業用高湯

作為「清爽」高湯使用的營業用高湯。選用動物系高湯，加上海鮮高湯製作而成。濃厚高湯並非以此營業用高湯為湯底添加濃度與醇度製作而成，而是單獨熬製。

材料

純淨水…15ℓ、動物系高湯…12ℓ
小魚乾…2.5kg、鯖魚柴魚…250g
秋刀魚柴魚…250g、飛魚乾…200g
乾燥花蛤…250g

3　接著放入事先裝進高湯過濾袋的鯖魚柴魚、秋刀魚柴魚、飛魚乾與乾燥花蛤。小火熬煮 45 分鐘。

1　魚乾提前 1 天浸水冷泡，次日開火加熱，煮沸以後撈除浮沫。

2　撈淨開火加熱產生的浮沫以後，倒入加熱好的動物系高湯。

4　進行過濾。過濾出來的柴魚與魚乾可再用於製作濃厚高湯時使用。

濃厚高湯

此店的濃厚高湯不採用在營業用高湯裡加入海鮮高湯，再添加以香料油翻炒低筋麵粉製成的魚粉糊增加甘醇風味與濃度的作法，而是增加材料的種類與分量另外單獨熬製而成。

材料

豬大腿骨…20kg、豬腳…5kg
豬腹脂（絞肉）…10kg、雞爪…15kg、雞骨架…5kg
營業用高湯熬湯殘渣…1kg、動物系高湯熬湯殘渣…5kg
生薑…300g、大蒜…5 顆、蔥綠…300g
斑點莎瑙魚乾…1.5kg、宗田鰹魚柴魚…500g
綜合柴魚（鯖魚柴魚、宗田鰹魚柴魚）…800g

1　豬腳、雞骨架、雞爪事先燙煮過 1 遍。

2　重新換過熱水以後再次開火加熱，撈除冒出來的浮沫後，倒入蔬菜，蓋上鍋蓋熬煮。間隔 20 分鐘攪拌 1 次。

3　熬煮 3 小時以後，倒入絞肉狀豬背脂並蓋上鍋蓋，繼續煮上 1 小時以後，間隔 15 分鐘打開鍋蓋攪拌 1 次。

4　熬煮 3 小時以後，加入營業用高湯與動物系高湯的殘渣，合計共煮 11 小時。關火，用攪拌機充分攪打 5 分鐘左右。

5　攪拌好以後過濾。用湯鍋底部進行擠壓，充分過濾乾淨。

拉麵調味醬

在泡發乾貨的高湯裡加入 3 種醬油，再混入叉燒調味醬，歷時 3 天製作而成。在第 3 天過濾好以後添加千葉縣富津市的 TAMASA 醬油，製作出充滿醬香的調味醬。做好以後靜置 2 到 3 天再做使用。

材料

純淨水…5ℓ、高湯昆布…25g、魷魚腳…25g
乾香菇…25g、小魚乾…500g、鯖魚柴魚…750g
薄口醬油…9ℓ、濃口醬油…4.5ℓ
叉燒調味醬…1.7ℓ、日本酒…900㎖、味醂…900㎖
鹽…75g、黃砂糖…620g、味精 A…620g
味精 C…100g、TAMASA 醬油…4.5ℓ

3 維持 90℃ 的溫度熬煮 60 分鐘後關火，靜置至次日。次日進行過濾，加入 TAMASA 醬油，接著靜置 2～3 天。

1 昆布、魷魚腳、魚乾、乾香菇提前 1 天泡到水裡冷泡出高湯。

沾麵調味醬

用來添加到高湯裡的沾麵用調味醬。以拉麵調味醬為醬底，添加甜味與味精加重整體味道。

材料

拉麵調味醬…35ℓ、味精…500g
蜂蜜…1kg、玉砂糖※…2kg、三溫糖…3kg

※ 玉砂糖：糖蜜加進甘蔗原糖中煮沸後去除水分乾燥而成。

拉麵調味醬開火煮至 70℃。待溫度升至 70℃以後，加入砂糖、蜂蜜，充分攪拌溶化，關火放涼。

2 次日開火，加入濃口醬油、薄口醬油、叉燒調味醬與煮滾揮發掉酒精並溶入味精的日本酒與味醂。

叉燒調味醬

用來浸泡滷豬肉的調味醬。以醬油為基底簡單製作而成的調味醬。也會活用於作為拉麵調味醬的材料。

材料

濃口醬油⋯18ℓ
薄口醬油⋯9ℓ、上白糖⋯13g
味精⋯1kg
伯方鹽⋯1kg、日本酒⋯1.8ℓ

濃口醬油、薄口醬油加到一起，開火煮沸。煮滾以後加入砂糖、鹽巴、日本酒充分攪拌溶解以後，關火放涼。

生薑切片放入沙拉油裡面，加熱至 90℃。溫度上升至 90℃ 以後，加入魚乾、鯖魚柴魚，轉為小火熬煮 60 分鐘。待香氣滲入油中即可過濾放涼。

滷豬肉

將蒸好並浸泡過調味醬的豬五花肉放入蒸烤箱裡烹烤，切成薄片烙上烤痕以後盛盤。大量撒在表面的粗粒黑胡椒也能為拉麵湯頭與沾麵醬汁增添一番滋味。

材料

豬五花肉⋯30 條、叉燒調味醬⋯適量
粗粒黑胡椒⋯適量

香料油

用沙拉油熬出生薑的香味，並添加魚乾與鯖魚柴魚風味製作而成。是一款香氣清爽的香料油。

材料

沙拉油⋯4ℓ
生薑⋯2 小塊、日本鯷魚乾⋯350g
鯖魚柴魚⋯70g

1 豬五花肉提前 1 天用蒸煮器具蒸熟，放到叉燒調味醬裡浸泡 1 天。

2 從調味醬裡取出，切下表面太硬的部分（拿來加到沾麵醬汁裡面）。撒上大量粗粒黑胡椒，用蒸烤箱的 145℃ 的蒸烤模式加熱 4 分 30 秒。

3 從蒸烤箱裡取出，對半分切以後，縱向切成薄片。放到烤盤雙面烙上烤痕再做盛盤。

筍乾

筍尖乾選用薄口醬油、白高湯、稀釋用清湯等不會染上醬油顏色的調味料進行調味。動物系高湯最上層的油脂也用於調味，提高與高湯之間的對味程度。

材料

筍尖乾…5kg
砂糖…300g、薄口醬油…1.1ℓ
白高湯…800mℓ
稀釋用清湯…4ℓ、純淨水…10ℓ
營業用高湯最上層的油脂…200mℓ
稀釋清湯（純淨水…10ℓ、營業用高湯的魚乾殘渣
　…700g、高湯包…2 包）

1 筍尖乾提前 1 天從包裝袋裡取出，加水開火煮沸以後關火靜置 5 小時。5 小時過後瀝去水分，再次加水開火煮沸後關火，直接靜置至次日。

2 瀝去水分的筍乾倒入濾網，連同濾網一起放入鍋中，加入所有的調味料一起熬煮。煮滾以後轉為小火，每隔 10 分鐘攪拌1 次，攪拌至第 3 次的時候關火，靜置 1 小時。從鍋中取出濾網瀝去水分並放涼。

芝浦店

田町

東京都港区芝浦 3−12−5

無辣不歡的老饕
乃至攜家帶眷的顧客雲集

2014 年 4 月 12 日開業。單一品牌第二號店。基本上與「單一品牌」採用相同菜單組合，除吧檯座位之外還備有一般餐桌席位，合計 33 席。供應以絕佳比例的豬大腿骨、豬背骨、雞爪與昆布、魚乾、綜合柴魚熬製出來的美味高湯，並常態提供「小朋友拉～麵」與煎餃、唐揚炸雞等菜品，是一間能夠一家老小同樂的拉麵店。另一方面，也使用中式調味料、韓國調味料、一味辣椒粉等調味料調製出充滿個性的辣味油，用於冠上「芝辛」之名的菜品之中，抓住了不少嗜辣老饕的味蕾。

❖ 武藏沾麵 1150 日圓

冠上「武藏」之名的拉麵、沾麵內含豬里肌肉叉燒與滷豬肉、溏心蛋。由比例絕佳的豬大腿骨、豬背骨、
雞爪和昆布、綜合柴魚、沙丁魚乾熬製而成的鮮美豚骨魚貝高湯，加上增加濃郁醬香醬的拉麵調味醬調
製而成。搭配浸泡在叉燒調味醬裡的滷豬肉、同樣添加叉燒調味醬的調味醬汁裡的溏心蛋，以及豬里肌
肉叉燒，讓整體味道更好地融入到一起。

❖ 濃厚武藏沾麵 1200 日圓

這道沾麵搭配的是在標準湯頭裡添加濃厚魚粉、低筋麵粉與沙拉油製作而成的
麵糊增添甘醇度與濃度的濃厚高湯。香料油則選用帶有大蒜、鰹魚柴魚、鯖魚
柴魚風味的豬油。麵條選用同樣的中粗直麵。濃厚魚粉與魚粉會分開調配，分
開運用。

❖芝辛武藏沾麵 1200 日圓

是一款以辣味為賣點，在沾麵醬汁裡添加「芝辛油」作為香料油的沾麵。其辣味不僅來自於一味辣椒粉，還混入豆瓣醬、香辣醬、苦椒醬、山椒粉與辛香蔬菜的風味，享用不同香氣的同時還會隨著咀嚼慢慢在口中交織出更具深度的香辣滋味。

❖武藏拉～麵 1150 日圓

在調配比例絕佳的魚貝豚骨高湯裡，加入由四種醬油與調味料製成的調味醬。添加的香料油則帶有大蒜與柴魚風味。整體再搭配以蒸烤箱中低溫加熱的豬里肌肉叉燒、蒸出多餘油脂再浸泡到調味醬裡的滷豬肉、同樣添加叉燒調味醬做調味的溏心蛋與筍乾。

❖芝辛武藏拉～麵 1200 日圓

以香氣馥郁且辣得十分具有深度的「芝辛油」作為香料油的拉麵。麵中盛有滷豬肉、
豬里肌肉叉燒、溏心蛋、筍乾，並在湯中撒上白芝麻用於提味。於最上方點綴上白蔥，
並撒上山椒粉營造出與拉麵湯頭之間的一體感，以此突顯出與芝辛沾麵的區別。

標準湯頭

以豬大腿骨為主，加入豬背骨、雞爪、豬腳熬製，再添加昆布、魚乾與綜合柴魚下去熬煮，烹煮出豚骨與海鮮比例絕佳的美味高湯。以此為湯底可製作出濃厚高湯。

材料

豬大腿骨…25kg
豬背骨…10kg、雞爪…15kg
豬腳…5kg、綜合柴魚（厚切片）…1g
沙丁魚乾…2kg、羅臼昆布…500g
燙滷豬肉用豬五花肉的熱湯…40ℓ
用來製作拉麵調味醬的昆布…500g

1 將豬大腿骨、雞爪、豬背骨、豬腳提前1天浸泡到水裡去除血水。昆布與綜合柴魚另外取一容器冷泡1晚。次日倒掉浸泡過豬骨、雞爪的水，重新加水至110ℓ標示處，開火加熱。

2 煮滾以後撈除冒出來的浮沫。加入燙煮滷豬肉用豬五花肉的熱湯、製作拉麵調味醬用過昆布。

3 接著加入蔬菜，並倒入前1天冷泡好的昆布柴魚高湯。

4 邊熬煮邊加水保持水位穩定，每隔30分鐘就攪拌1次，總共熬煮12小時以後關火，靜置至次日。

5 次日開火煮滾以後，放入魚乾熬煮60分鐘。

6 過濾後放涼。

濃厚高湯

以標準湯頭為湯底，添加以沙拉油拌炒低筋麵粉製作
而成的麵糊增加濃稠度，加入以業務用食物調理機攪
碎肉質纖維的滷豬肉邊角肉，再混入含有乾香菇粉與
白碟海扇蛤粉等材料的濃厚魚粉，製作出風味濃郁的
高湯。

材料

標準湯頭…計 7.5ℓ、沙拉油…700㎖
低筋麵粉…700g、滷豬肉邊角肉…1.2kg
濃厚魚粉…300g

濃厚魚粉 材料

乾香菇粉…1kg、高湯包…1.8kg、白碟海扇蛤粉…200g

1 沙拉油加熱至90℃後轉為中火，少量添加低筋麵粉並用打蛋器不停攪拌以避免炒焦。

2 經過充分攪拌並煮至表面沸騰冒泡以後，邊攪拌邊少量倒入加熱好的標準湯頭直至加足5ℓ。

3 將 1.2kg 的滷豬肉邊角肉和 1.5ℓ 加熱好的標準湯頭加到一起，用食物調理機攪打之後，加到步驟 **2** 裡。食物調理機約攪打 5～6 分鐘，將豬肉纖維完全絞碎。餘下的 1ℓ 標準湯頭倒入食物調理機融入仍留有的殘渣，倒入步驟 **2** 中。

4 完成步驟 **3** 並充分攪拌過後，混入濃厚魚粉。

5 煮沸 1 次即大功告成。

拉麵調味醬

在昆布、香菇、鰹魚柴魚、鯖魚柴魚的高湯之中添加四種醬油、蠔油等調味料製作而成。使用過的昆布會在製作濃厚高湯的時候再次利用，過濾出來的鯖魚柴魚、鰹魚柴魚則是會再次活用於香料油的製作當中。也會用於餃子肉餡調味。

材料

純淨水…15ℓ、羅臼昆布…500g、乾香菇…10
鰹魚柴魚（中厚切片）…1kg、鯖魚柴魚…1kg
日本酒（煮滾並揮發掉酒精）…3.6ℓ、味醂…3.6ℓ
伯方鹽…2kg、上白糖…3kg、味精A…1kg
味精B…1kg、上星醬油…18ℓ、薄口醬油…18ℓ
蠔油…800㎖、醬油（味じまん）…1ℓ
醬油（丸大豆甘醇風味）…1.8ℓ

3 煮滿40分鐘以後過濾。過濾出來的昆布會作為濃厚高湯的材料再次加以活用。

1 乾香菇與昆布提前1天泡到7.5ℓ的冷水裡冷泡1天。接著再補上7.5ℓ的水。

4 過濾好的步驟3開火加熱至80～90℃以後，加入鰹魚柴魚、鯖魚柴魚，維持該溫度接著熬煮40分鐘。

2 味醂與煮滾並揮發掉酒精的日本酒加到步驟1當中，開小火維持65℃的水溫熬煮40分鐘。

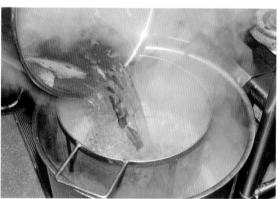

5 煮滿40分鐘以後進行過濾，加入鹽巴、砂糖、醬油、味精、蠔油充分溶化。靜置1天再做使用。

沾麵調味醬

用來添加到高湯裡的沾麵用調味醬。在拉麵調味醬裡加入砂糖與醋來增添些許甜中帶酸的滋味。

材料

拉麵調味醬…12ℓ
上白糖…3kg
玉廼井醋（タマノイ酢）…1ℓ

拉麵調味醬加熱以後加入砂糖攪拌溶化。留到使用前夕再加醋以避免減損醋的風味。

叉燒調味醬

豬五花肉燙煮過後浸泡到叉燒調味醬裡，製作成滷豬肉。是一款以醬油與砂糖為主的簡單調味醬。邊去除表面油脂邊補上新的叉燒調味醬做使用。此醬汁還會活用到溏心蛋的調味醬汁、浸泡豬里肌肉叉燒的調味醬與筍乾的調味料當中。

材料

純淨水…12ℓ、日本酒（煮滾並揮發掉酒精）…1瓶
上白糖…8kg、味精…150g
上星醬油…1罐

1 日本酒煮滾並發揮調酒精。

2 和剩餘材料加到一起開火煮滾，溶入砂糖後離火放涼。

香料油

用來加到拉麵湯頭、沾麵醬汁裡，帶有大蒜、鰹魚柴魚、鯖魚柴魚風味的香料油。活用拉麵調味醬製程中過濾出來的鰹魚柴魚和鯖魚柴魚。

材料

豬油…15kg
拉麵調味醬的殘渣…750g、
大蒜（切粗末）…750g

1 切成粗末的大蒜放到已先加熱到120℃的豬油裡面熬煮。煮至大蒜呈金黃色澤，即可進行過濾。

2 拉麵調味醬製程中過濾出來的鰹魚柴魚與鯖魚柴魚充分去掉水分，倒入步驟 1 過濾好的豬油當中。

3 維持 120℃ 的油溫熬煮 10 分鐘再進行過濾。放涼以後再做使用。

芝辛油

用來加到冠上「芝辛」之名的拉麵、沾麵裡面的辣油。不同於辣椒油，裡頭還添加了豆瓣醬、香辣醬、苦椒醬與辛香蔬菜的風味，製作出能品嚐到極富深度的辣味與香氣的香料油。

材料

洋蔥（切末）…3kg、大蒜（切末）…1.5kg
生薑（切末）…1.5kg、沙拉油…8ℓ、豆瓣醬（膏狀包裝）…3 條、一味辣椒粉…300g、香辣醬（膏狀包裝）…1.5 條、苦椒醬（膏狀包裝）…1.5 條、味精…300g、山椒粉…150g、藥念醬（膏狀包裝）…3 條

1 沙拉油加熱，加入切成末的大蒜、洋蔥翻炒。炒至水分揮發以後，加入豆瓣醬接著翻炒。

2 炒到豆瓣醬的水分也揮發，冒出的泡泡變小以後，加入一味辣椒粉攪拌均勻，關火。

3 大致放涼以後，拌入香辣醬、苦椒醬、味精、山椒粉、藥念醬，靜置 1 天。

叉燒

浸泡在專用調味醬的豬里肌肉以蒸烤箱烹烤過後，最後再以蒸烤箱的燜蒸模式充分加熱。這款叉燒會用來加在冠有「武藏」店名的拉麵、沾麵裡頭。

材料

豬肩胛里肌肉…12 條、里肌肉調味醬…適量

里肌肉調味醬 材料

叉燒調味醬…3ℓ、食鹽…200g
味精…1 大匙

1 泡在調味醬裡一整天的豬里肌肉放入蒸烤箱裡，以 180℃ 烹烤 20 分鐘。

2 翻面接著繼續以 180℃ 烹烤 20 分鐘。

3 最後改以蒸烤箱燜蒸模式 110℃ 加熱 35 分鐘。放涼以後再做分切。

滷豬肉

用來加到冠有「武藏」之名的拉麵、沾麵中的滷豬肉。
豬五花肉先以辛香蔬菜等材料燙煮過 1 遍，再浸泡到
叉燒調味醬裡面。切成每塊 60g 的分量，放到調味醬
裡加熱保溫使用，肉質軟嫩而易於食用。

材料

豬五花肉…12 條（1 條約 350g）、純淨水…30ℓ
米醋…1ℓ、紹興酒…200㎖、日本酒…300㎖、蔥綠…適量
生薑（切片）…適量、叉燒調味醬 40ℓ

3 取出的豬五花肉立刻浸泡到叉燒調味醬裡面。浸泡 2 小時以後取出放涼。

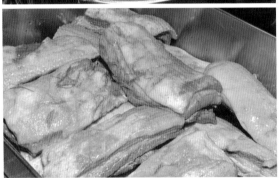

4 每條豬五花肉切成 5～6 塊，每塊 60g。於營業期間放入裝有稀釋叉燒調味醬的保溫台裡，加熱保溫使用。

1 水裡加入蔥綠、生薑、紹興酒、日本酒開火煮沸，燙煮豬五花肉 2 小時 15 分鐘，燙煮期間放上落蓋並在上面擺放重物。

2 已經煮了 2 小時半的豬五花肉。燙過豬五花肉的熱湯會再作為熬煮標準湯頭的材料使用。

筍乾

筍乾稀釋掉鹽分並瀝去水分以後，以叉燒調味醬等調味料進行調味。考慮到還要與添加了大蒜、鰹魚柴魚、鯖魚柴魚風味香料油的拉麵湯頭做搭配，不會添加最後加工用的芝麻油。

材料

> 鹽漬筍乾…1 包
> 黃砂糖…75g
> 味精…10g
> YAMASA 醬油…100㎖
> 叉燒調味醬…200㎖

1 叉燒調味醬、黃砂糖、味精與醬油加到稀釋掉鹽分並充分瀝去水分的筍乾之中，拌炒至水分收乾。

2 水分收乾並確認充分入味以後，關火放涼。

餃子

在調味裡添加了拉麵調味醬、香料油，製作出與拉麵更顯對味的餃子。蔬菜也以洋蔥為主而非高麗菜與白菜。洋蔥要充分擠掉水分再混拌進去。

材料

> 洋蔥（切末）…500g、大蒜泥…250g
> 生薑泥…250g、豬絞肉…2kg、香料油…80㎖
> 拉麵調味醬…100㎖、鹽…10g、味精…40g
> 黑胡椒…10g、長蔥（切末）…6 根、韭菜…1 束
> 日本酒…100㎖、芝麻油…120㎖

1 拉麵調味醬、香料油、黑胡椒、味精、鹽巴、擠掉水分的洋蔥末、生薑泥與蒜泥加到豬絞肉裡揉拌均勻。接著拌入洋蔥與韭菜。

2 加入芝麻油與日本酒混拌均勻。

❖ 手工煎餃（6 個） 500 日圓

做成較大顆可以單點享用的餃子。餐桌上備有用醋跟
砂糖、味精自行調配而成的「甘味醋」（旨酢），以
及用沙拉油與一味辣椒粉製作而成的自製辣油。

❖ 芝辛煎餃（6 個） 620 日圓

在剛煎好的餃子上頭，擺放上以自製辣油芝
辛油涼拌的韭菜蔥絲，再從上面撒上山椒粉。
是一道相當受歡迎的小菜。

溏心蛋

在浸泡叉燒的調味醬裡添加帶有甜味的中式醬油、海鮮高湯粉、味精，製作出調味醬汁浸泡水煮蛋。

材料

水煮蛋…120 顆
蛋用調味醬汁…適量

> **蛋用調味醬汁 材料**
>
> 叉燒調味醬…2ℓ、中式醬油…200㎖
> 顆粒狀高湯粉…6 大匙
> 味精…2 大匙、純淨水…3ℓ

雞肉天婦羅

雞腿肉放到事先調味料裡浸泡 1 天，讓味道充分醃漬入味。不預先炸好備用，而是在收到顧客點餐以後現炸，供應熱騰騰的現炸雞肉。

材料

雞腿肉…2kg

> **雞肉的事先調味料 材料**
>
> 鹽…1 大匙、酒…50㎖、芝麻油…50㎖、味醂…50㎖
> 味精…1 大匙、生薑泥…1 大匙
> 大蒜泥…1 大匙、上白糖…1 大匙
> 黑胡椒…1 大匙、昆布茶…2 大匙、馬鈴薯澱粉…300g

將水煮蛋放到蛋用調味醬汁裡面浸泡 1 天。翻動 2～3 次避免顏色不均。

將鹽巴、日本酒、芝麻油、味醂、味精、生薑泥、大蒜泥、砂糖、黑胡椒、昆布茶加到一起調勻，放入切好的雞腿肉抓拌均勻，醃漬上 1 天。

❖ 雞肉天婦羅（3 個） 450 日圓

受上班族青睞而
夜晚光顧者眾的拉麵店

2016年9月22日開業。店內空間寬敞，連同吧檯與一般餐桌座位在內共有26席。以魚貝豚骨雙湯頭為首的拉麵與沾麵，乃至以「濱辛油」增添辣味的特色拉麵與沾麵都十分受到歡迎。維持「麵屋武藏」一貫的單一品牌店風格，不僅供應品質講究的生啤酒、手工煎餃等商品，也備有可供一家老小與商務人士點購的配菜。冠有「武藏」之名的拉麵與沾麵裡面，淋有醬香芡汁的大塊滷豬肉更是吸引了不少擁護者。

麵屋武藏 濱松町店

浜松町

東京都港区浜松町1−29−6
浜松町セントラルビル1階

❖ 武藏拉〜麵 1170 日圓

冠有「武藏」店名的拉麵、沾麵內含豬五花肉蒸熟以後浸泡到調味醬裡的滷豬肉與溏心蛋。湯頭
選用魚貝系高湯加上動物系高湯的雙湯頭。香料油為加入大蒜熬製以後添加鯖魚柴魚、魚乾風味
的豬油。麵條選用中粗直麵。筍乾則是添加紅酒再以調味醬等調味料充分翻炒出香氣。

❖ 武藏沾麵 1170 日圓

沾麵裡的滷豬肉盛盤以後，會在上面淋上以馬鈴薯澱粉增添濃稠度的醬香芡汁「濱芡汁」。沾麵調味醬使用的是在拉麵調味醬裡多添加砂糖、大蒜與生薑風味，並加醋營造清爽感的醬汁。沾麵醬汁裡還添加了以魚粉、一味辣椒粉與黑胡椒等材料調配而成的「調味魚粉」。

❖ 濃厚武藏沾麵 1220 日圓

該店人氣最高的商品。使用的是在動物系高湯裡添加以沙拉油拌炒低筋麵粉的麵粉糊,以及用
食物調理機攪碎肉質纖維的豬肩胛里肌邊角肉,最後再加入黑胡椒與山椒粉、肉桂粉增加濃度
與充足香氣的濃厚高湯,再加入不含醋的沾麵調味醬。

❖濱辛武藏沾麵　1220 日圓

辛香蔬菜先用沙拉油充分拌炒過後，再加入豆瓣醬、香辣醬、苦椒醬、一味辣椒粉、
山椒粉炒製出香氣迷人又辣得很有深度的香料油，再加到這道沾麵的沾麵醬汁當中。
拉麵調味醬製程中過濾出來的鯖魚柴魚等材料會再拿來與海鮮高湯一同熬煮，作為
沾麵的稀釋用高湯使用。

標準湯頭

熬煮完動物系高湯以後，再另外熬煮魚貝系高湯，將
2 種高湯和豬絞肉加到一起熬煮，熬製出標準湯頭。

材料（比例）

動物系高湯…1、魚貝系高湯…2
豬絞肉…0.1

1 豬絞肉事先加入少許動物系高湯拌開至沒有結塊的狀態。在
魚貝系高湯在快要煮沸之前取出昆布，隨即加入豬絞肉。

2 接著倒入煮滾的動物系高湯進行熬煮。

3 煮滾以後進行過濾。過濾期間不做擠壓的動作。過濾完以後，
撈除表面油脂，連鍋一起放到冰水上面急速降溫冷卻。

動物系高湯

以豬大腿骨、雞爪為主，加入雞頭、雞脂肪，製作成
味道醇和的動物系高湯。

材料

豬大腿骨⋯20kg、雞爪⋯20kg
去皮雞脖⋯10kg、豬腳⋯5kg
雞脂⋯1kg、叉燒用豬肩胛里肌肉⋯15 條
蔥綠⋯1kg、高麗菜⋯1 顆
大蒜⋯4 顆、生薑⋯400g、洋蔥⋯4 顆

1 將豬大腿骨、雞爪、去皮雞脖、豬腳浸泡到水裡去除血水。

2 再次加水開火，煮滾以後撈除浮沫，放入雞脂。

3 接著放入叉燒用的豬肩胛里肌肉，燙煮 25 分鐘後取出，浸泡到叉燒調味醬裡。

4 取出豬肩胛里肌肉後，放入蔬菜補足水位後熬煮。邊攪拌邊熬煮至歇店時間，約滿 14 小時候關火。

5 次日開火煮滾後過濾。

魚貝系高湯

除昆布、沙丁魚乾、鰹魚柴魚之外，還添加了蚌蠣，
熬製出鮮味十足的魚貝系高湯。

材料

純淨水⋯10 ℓ
沙丁魚乾⋯400g、羅臼昆布耳⋯100g
蚌蠣⋯20 顆
鰹魚柴魚（本節）⋯300g、鯖魚柴魚⋯100g
燻沙丁脂眼鯡乾⋯40g

1 沙丁魚乾、昆布放到水裡冷泡 1 晚。昆布先裝進過濾袋再做浸泡。

2 次日開火，加入蚌蠣。

3 撈除冒出來的浮沫，在快煮滾之前加入鰹魚柴魚、鯖魚柴魚、煙燻沙丁脂眼鯡。

4 快煮滾前取出昆布，熬煮 40 分鐘。

5 撈除冒出來的浮沫並煮上 40 分鐘以後，加入動物系高湯跟豬絞肉一起熬煮出標準湯頭。

濃厚高湯

以動物系高湯為湯底，加入由絞碎的叉燒邊絞肉、低筋麵粉及沙拉油製成的麵粉糊提高濃稠度。並添加黑胡椒、山椒粉與肉桂粉混合而成的綜合香料，在濃厚滋味當中又增添一抹可口的餘味。

材料

動物系高湯…20ℓ、叉燒邊角肉…2kg
綜合香料…14g、低筋麵粉…750g
沙拉油…700㎖

綜合香料 材料

黑胡椒…250g、山椒粉…150g
肉桂粉…50g

3 預留的動物系高湯與叉燒邊角肉放入食物調理機裡，充分攪碎豬肉纖維，倒入步驟 2 的熱湯之中混拌均勻。

1 沙拉油加熱，邊攪拌邊少量添加麵粉拌炒以避免煮焦。

4 關火，加入綜合香料。充分攪拌均勻即可完成。

2 加熱動物系高湯，邊攪拌邊少量添加步驟 1。預留一小部分動物系高湯。

拉麵調味醬

在海鮮高湯之中加入2種醬油、叉燒調味醬及蠔油，製作成具有濃醇風味的醬香調味醬。以此拉麵調味醬為醬底，還可製作出沾麵用調味醬、濃厚沾麵用調味醬。

材料

純淨水…17ℓ、沙丁魚乾…2kg
羅臼昆布耳…300g、乾香菇…80g
味醂…1瓶、日本酒…1瓶、鯖魚柴魚…1kg
鹽…1kg、上白糖…2kg、濃口醬油…18ℓ
淡口醬油…18ℓ、叉燒調味醬…8ℓ
味精…1kg、蠔油…700mℓ

3 熬煮40分鐘以後，加入砂糖與鹽巴攪拌溶化。

1 日本酒與味醂煮滾並揮發掉酒精以後，和水加到一起，放入裝有沙丁魚乾、昆布與乾香菇的過濾袋冷泡1晚。

2 次日開火加熱至浮沫冒出，撈除乾淨以後取出裝有昆布與乾香菇的過濾袋。加入鯖魚柴魚熬煮40分鐘。

4 溶入砂糖與鹽巴以後，加入醬油、叉燒調味醬、蠔油。在快要煮滾之前關火，靜置至次日。次日進行過濾，加入味精充分溶化。

濃厚沾麵調味醬

以濃厚高湯與濃厚調味醬混合而成的濃厚沾麵用沾麵醬汁。在拉麵調味醬裡添加砂糖、生薑與大蒜。不加醋。

材料

拉麵調味醬…3ℓ、上白糖…1kg
大蒜泥…30g、生薑泥…20g

1 拉麵調味醬加熱，加入砂糖攪拌溶化。

2 加入生薑泥與大蒜泥攪拌均勻。

標準沾麵調味醬

用來添加到標準湯頭裡，調製出沾麵用沾麵醬汁的調味醬。在濃厚沾麵調味醬裡加醋，讓味道顯得餘味無窮。

材料

拉麵調味醬…3ℓ、上白糖…1kg、大蒜泥…30g
生薑泥…20g、米醋…150㎖

把醋混入濃厚沾麵調味醬裡。留到使用前夕再加醋以避免減損醋的風味。

叉燒調味醬

用來浸泡蒸熟的豬五花肉的調味醬汁。添加蘋果醋製作成風味清爽的調味醬。

材料

濃口醬油…18ℓ、日本酒…1.8ℓ、味醂…1.8ℓ
純淨水…8ℓ、上白糖…6kg、鹽…100g、蘋果醋…900㎖

水和蘋果醋加到一起開火加熱，溶入砂糖。關火，倒入日本酒、味醂、醬油攪拌均勻。

香料油

用於拉麵、沾麵的香料油以豬油製作而成。充分再次
活用製作拉麵調味醬時過濾出來的魚乾、鯖魚柴魚、
鰹魚柴魚。

材料

豬油⋯5ℓ、大蒜末⋯1kg、製作標準湯頭時過濾出來的
魚乾、鯖魚柴魚、鰹魚柴魚⋯適量

1 豬油放入鍋中開火加熱，待溫度上升至 130℃ 以後，加入蒜末
煮至外表呈金黃色澤，再以濾網撈出。

2 製作標準湯頭製程中過濾出來的魚乾、鯖魚柴魚、鰹魚柴魚
徹底地瀝乾水分，加到步驟 1 裡面。

3 轉為小火，熬煮 30 分鐘以後過濾。放涼以後再做使用。

濱辛油

以沙拉油製作而成，用來添加到冠上「濱辛」之名的
拉麵、沾麵的辣味香料油。除一味辣椒粉之外，還添
加了豆瓣醬、苦椒醬、香辣醬與山椒粉，製作出香氣
十足且辣得十分具有深度的辣油。

材料

洋蔥⋯2kg、大蒜⋯1kg
生薑⋯1kg、沙拉油⋯5ℓ
豆瓣醬⋯2kg、一味辣椒粉⋯200g
香辣醬⋯1kg、苦椒醬⋯1kg
味精 B⋯200g
山椒粉⋯100g

1 沙拉油加熱，加入洋蔥末、蒜末、生薑末進去拌炒。炒至水
分收乾。

2 煮到蔬菜水分收乾以後，加入豆瓣醬、香辣醬、苦椒醬、一味辣椒粉、山椒粉、味精煮至沸騰。放涼以後再做使用。

溏心蛋

在叉燒調味醬裡添加沾麵醬汁用的稀釋用清湯與高湯昆布，用以浸泡水煮蛋。

材料

雞蛋…100 顆、蛋用調味醬汁…適量

蛋用調味醬汁 材料

叉燒調味醬…2.5 ℓ、稀釋清湯…2.5 ℓ、高湯昆布…1 片

清湯 材料

純淨水…6.5 ℓ、拉麵調味醬濾渣…1kg
豐漁高湯（豐漁だし）…50g
※ 比例為清湯 1 ℓ 比純淨水 29 ℓ

水煮蛋放入蛋用調味醬汁浸泡 1 天。

調味魚粉

用來添加到沾麵醬汁裡的綜合魚粉。在魚粉裡添加一味辣椒粉與黑胡椒。

材料

宗田柴魚粉…3kg、鯖魚柴魚粉…1kg
魚乾粉…1kg、一味辣椒粉…200g
黑胡椒…100g
味精…100g

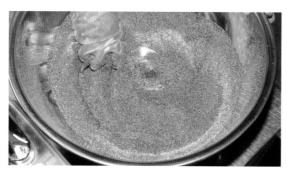

所有材料充分混拌均勻。

筍乾

鹽漬筍乾放到浸泡叉燒的調味醬、動物系高湯、濃口醬油、砂糖調配而成的醬汁裡做調味。

材料

鹽漬筍乾…7 包、動物系高湯…800㎖
叉燒調味醬…800㎖、濃口醬油…1 ℓ、上白糖…800g
沙拉油…150㎖、芝麻油…300㎖、紅酒…300㎖

1 筍乾去除鹽分並充分瀝乾水分以後，用沙拉油翻炒。加入叉燒調味醬、砂糖、紅酒與動物系高湯拌煮均勻。

1 豬五花肉脂肪一側朝上平鋪開來，從上面噴上生薑水，放入蒸箱裡面蒸上3小時。

2 蒸好以後放入叉燒調味醬裡浸泡60分鐘。

3 斜向下刀分切，用噴槍在脂肪一側炙燒。營業期間放入稀釋過的叉燒調味醬裡加熱保溫，沾麵會在擺盤時淋上被稱為濱炙汁的醬香炙汁。

2 翻炒至仍殘留少許湯汁，以網篩進行過濾。

3 倒回鍋中開火加熱，倒入芝麻油整體翻炒均勻後關火。放涼以後再做使用。

滷豬肉

豬五花肉蒸煮⇨浸泡調味醬⇨用噴槍炙燒⇨用稀釋過的叉燒調味醬加熱保溫⇨淋上醬香炙汁後盛盤。是一道製作起來相當費工的滷豬五花肉。

材料

豬五花肉…30 條、生薑水…適量
叉燒調味醬…適量、濱炙汁…適量

浜館 材料

濃口醬油…1.8ℓ、純淨水…2.8ℓ、上白糖…1kg
生薑…300g、馬鈴薯澱粉…150g、純淨水…300㎖
白芝麻…100g

叉燒

熬煮動物系高湯的時候加入豬肩胛里肌肉燙煮 30 分鐘，再取出來浸泡到叉燒調味醬裡 3 小時。叉燒調味醬裡添加了蘋果醋，製成味道清爽的醬香調味醬。

材料

豬肩胛里肌肉肉…30 條、叉燒調味醬…適量

叉燒的邊角肉用食物調理機絞碎豬肉纖維，作為濃厚高湯的材料使用。

手工煎餃

除了豬絞肉、韭菜、長蔥、大蒜、生薑之外，還添加了豬油與芝麻油，並以醬油與肉豆蔻、黑胡椒等調味料進行調味，製作出能嚐到肉汁鮮甜美味的煎餃。

材料

豬絞肉…3kg、豬油…220g、生薑…450g
大蒜…220g、長蔥…900g、韭菜…6 束、鹽…22g
味精…60g、黑胡椒…15g、肉豆蔻…6g
日本酒…150㎖、濃口醬油…150㎖、芝麻油…180g

1 所有材料充分混拌均勻。

2 如其菜品名稱所示，在店內手工現包現煎進行提供。

 **❖手工煎餃**

包入薑香四溢肉餡的煎餃。在該店入夜營業時間中最受歡迎的一道配菜。

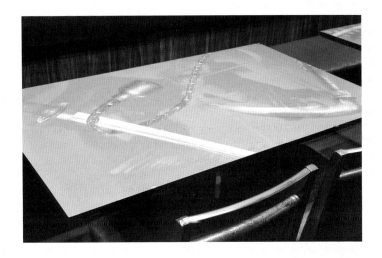

勇於挑戰
新香味與新烹調法

2020 年 10 月 14 日遷址開業。將麵條平鋪到較大尺寸的竹篩上面是涼麵的供應風格。麵條選用的是麵屋武藏用心製作的「刀切麵」。沾麵醬汁裡添加了鴨脂、鰹魚柴魚與芝麻，營造出令人一吃就上癮的風味。以最新的蒸烤箱低溫烹調出味美而多汁的豬里肌肉，切成薄片以後再淋上肉醬。是一家隨時會引入新嘗試，隱約可窺見「麵屋武藏」不斷追求進化一面的店家。

❖ 五輪洞沾麵 1130 日圓

使用在魚貝系高湯比例較高的清爽雙湯頭裡，添加帶有昆布、香菇、鰹魚柴魚與芝麻風味的醬香調味醬所調配出來的沾麵醬汁。添加了蔥香鴨油的香料油和豬肩胛里肌肉絲、蔥花、鰹魚柴魚片、芝麻一同加到沾麵醬汁裡面。平鋪到大尺寸竹篩裡的中粗直麵（方麵）使用麵屋武藏用心製作的「刀切麵」。於其上盛放以最新烹調設備低溫烹調而成的薄切豬里肌肉片，再淋上由叉燒調味醬與辛香蔬菜製成的肉醬。

❖ 濃厚五輪洞沾麵 1180 日圓

該店最受歡迎的一款沾麵。使用在動物系高湯裡添加沙拉油拌炒低筋麵粉與綜合香料製成
的麵粉糊，以及用食物調理機攪碎肉質纖維的叉燒邊角肉提升濃度與醇度的濃厚高湯來製
作沾麵醬汁。其濃厚的沾麵醬汁裡，還添加了含有蔥香鴨油的香料油，以及宗田鰹魚柴魚
粉與鯖魚柴魚粉調配的專用魚粉。

❖ 辣味五輪洞沾麵 1180 日圓

沾麵醬汁裡添加了用大蒜、生薑熬製的沙拉油,以及加入一味辣椒粉、辣椒粉與山椒調製出的辣油。「辣味」菜品不會添加蔥香鴨油。同樣以蒸烤箱充分低溫烹調好的豬里肌肉切成薄片以後,淋上在叉燒調味醬裡添加洋蔥與生薑的肉醬再做盛盤。

W Soup

將豬大腿骨、雞爪、雞骨架為主食材所熬煮出來的動物系高湯，倒入魚貝系高湯裡一同熬煮之後再做過濾。動物系高湯與魚貝系高湯的混合比例為 1 比 5，製作出風味相對清爽的雙湯頭，並搭配製作香料油與叉燒。

材料

豬大腿骨…20kg、雞爪…20kg
雞骨架…10kg、豬腳…5kg、生薑…400g
大蒜…4 顆、洋蔥…4 顆
蔥綠…20 根、魚貝系高湯、純淨水…40ℓ
沙丁魚乾…2kg、羅臼昆布耳…400g
鰹魚柴魚（本節）…1kg、鯖魚柴魚…500g

3 每 30 分鐘攪拌 1 次並煮滿 4 小時以後，加入蔬菜類材料。以每 20 分鐘攪拌 1 次的頻率熬煮 6 小時。

1 製作動物系高湯。豬大腿骨、雞爪、雞骨架、豬腳提前 1 天泡水去除血水。

4 關火，靜置至次日，煮滾以後再做過濾。

2 次日換過 1 次水後開火。煮滾以後加入用來放到沾麵醬汁裡的豬肩胛里肌肉，熬煮 1 小時後取出。

5 製作魚貝系高湯。魚乾、昆布提前 1 天放到水裡冷泡。次日加入鯖魚柴魚、鰹魚柴魚，開火加熱。

6 接著一併加入動物系高湯。魚貝系高湯與動物系高湯的比例為 5 比 1。

7 撈除冒出的浮沫，再快要煮滾之前轉為小火。

8 轉為小火以後，接著熬煮 40 分鐘再做過濾。

濃厚高湯

在動物系高湯裡添加沙拉油拌炒低筋麵粉與綜合香料製成的麵粉糊、用食物調理機攪碎肉質纖維的叉燒邊角肉以及魚粉，製作出高濃度與香醇度的濃厚高湯。

材料

動物系高湯…共 20 ℓ、豬里肌肉叉燒邊角肉…1.5kg、
綜合香料…40g、低筋麵粉…900g
沙拉油…900㎖、增稠用魚粉糊…300g

濃厚用魚粉 材料

宗田鰹魚柴魚粉…1kg、鯖魚柴魚粉…1kg

綜合香料 材料

黑胡椒…125g、山椒粉…75g、大蒜粉…10g

1 加熱好的 2.5 ℓ 動物系高湯與 1.5kg 叉燒邊角肉加到一起，用食物調理機充分攪碎肉質纖維。

2 將沙拉油加熱直到 150 ～ 180℃，以少量添加的方式拌入綜合香料，加入低筋麵粉充分加熱製作出魚粉糊。

3 將剩餘的熱動物系高湯邊攪拌邊少量添加到步驟 2 之中，接著倒入步驟 1 攪拌均勻。

4 因為較容易煮焦，所以要邊攪拌邊加入魚粉，煮滾以後關火。

拉麵調味醬

使用昆布、魚乾、乾香菇、鰹魚柴魚做出和風高湯風味較為強烈的拉麵、沾麵用調味醬。

材料

純淨水⋯18ℓ、沙丁魚乾⋯2kg
乾香菇⋯80g、羅臼昆布耳⋯500g
本味醂⋯1.8ℓ、日本酒⋯1.8ℓ
鰹魚柴魚（本節）⋯2kg、鹽⋯1kg
黃砂糖⋯1.5kg、濃口醬油⋯18ℓ
薄口醬油⋯18ℓ、叉燒調味醬⋯8ℓ
味精⋯1kg
蠔油⋯700ml

1 將水、日本酒、味醂加到一起，放入魚乾、昆布、乾香菇冷泡 1 晚。

2 次日開火加熱到快要煮沸之前，加入鰹魚柴魚。在快要煮滾之前轉為小火，熬煮 40 分鐘。

沾麵調味醬

用來添加到高湯裡，調製出沾麵用沾麵醬汁的調味醬。以拉麵調味醬為醬底，添加砂糖提高甘醇度並增添大蒜與生薑的風味。

材料

拉麵調味醬…3ℓ、上白糖…500g、大蒜泥…30g
生薑泥…20g、醋…100㎖

1 拉麵調味醬加熱後，加入砂糖、大蒜、生薑攪拌均勻。

2 放涼以後加醋混合均勻。

叉燒調味醬

以醬油、味醂、砂糖與日本酒製作而成的簡易醬香調味醬。

材料

上星醬油…18ℓ、日本酒…1.8ℓ
本味醂…1.8ℓ、純淨水…8ℓ、上砂糖…6kg

1 日本酒與味醂煮滾並揮發掉酒精。

3 倒入醬油，在快要煮滾之前加入砂糖、鹽巴、叉燒調味醬與蠔油。煮溶以後關火，直接靜置至次日。

2 砂糖與水倒入步驟1裡面，開火煮溶砂糖。

4 次日將味精倒入另一個大湯鍋中，架上過濾用具並倒入步驟3進行過濾。讓味精充分溶於其中。

3 倒入醬油，煮滾以後關火。

辣油

用來添加到辣味拉麵湯汁、沾麵醬汁裡的辣味香料油。

材料

沙拉油⋯5ℓ、大蒜⋯2顆
生薑⋯100g、一味辣椒粉⋯300g
辛辣辣椒粉⋯50g、山椒⋯50g

1　大蒜、生薑、蔥綠放到沙拉油裡面，開火加熱。一味辣椒粉、辣椒粉與山椒粉倒入另一個湯鍋裡，加入少量的水整體打濕備用。

2　熬至大蒜外表呈金黃色澤以後，邊過濾邊將沙拉油倒入裝有打濕的一味辣椒粉等辛香料中。

3　用細目濾網過濾步驟2。

蔥香鴨油

把鴨油拿來作為添加到拉麵、濃厚沾麵裡的香料油。
辣味拉麵則不做添加。

材料

沙拉油⋯15ℓ
蔥綠⋯20根
鴨皮⋯10kg

1　鴨皮的部分地方會沾上血，所以要先用水清洗乾淨。充分瀝乾水分備用。

2 沙拉油開火加熱，放入蔥綠煮至香氣滲入油中，取出蔥綠。

3 放入鴨皮。因為鍋底容易焦掉，所以要邊攪拌邊熬煮。待鴨皮水分熬乾變得脆硬的時候，關火放涼。

豬里肌肉

豬里肌肉抹上鹽巴醃漬 1 天以後，放到設定為 70℃、蒸氣 100％的蒸烤箱裡加熱至豬肉中心升溫至 65℃。採用最新烹調設備，輔以絕佳的火候烹調再切成 1mm 的厚度，方得以實現這款別貝一番新滋味的豬肉叉燒。

材料

豬里肌肉…40kg、鹽…適量、叉燒調味醬…適量

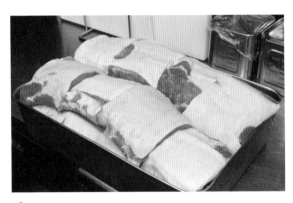

1 將豬里肌肉塊全部抹上鹽巴靜置 1 天。

2 步驟 1 放入設定為 70℃、蒸氣 100％的蒸烤箱裡，加熱 3 小時 40 分鐘讓豬肉中心溫度上升至 65℃。

3 加熱好以後，放到叉燒調味醬裡面浸泡 1 小時。取出放涼以後冷藏，次日用切肉機切成 1mm 厚的肉片再做盛盤。

滷豬肉

將豬五花肉塊放到設定為 110℃、蒸氣 100% 的蒸烤箱裡蒸熟。放到調味醬裡浸泡，再用噴槍將表面充分炙烤出焦香四溢的焦痕。

材料

豬五花肉…40kg
叉燒調味醬…適量

1 豬五花肉塊放到設定為 110℃、蒸氣 100% 的蒸烤箱裡加熱 2 小時。

2 將蒸熟的豬五花肉放到預先加熱好的叉燒調味醬裡浸泡 1 小時。

3 從調味醬裡取出，用噴槍炙燒脂肪一側。充分炙燒到表面烙上焦痕。

沾麵用肉

用來放到沾麵醬汁裡的沾麵用肉。在熬煮動物系高湯的時候，將用到的豬肩胛里肌肉放進去一起燙煮，切成肉絲以後再泡到稀釋過的調味醬裡面。

材料

豬肩胛里肌肉…3 條、叉燒調味醬…適量
純淨水…叉燒調味醬的 4 倍分量

1 熬煮動物系高湯的時候，放入豬肩胛里肌肉一起燙煮 1 小時後取出。

2 切成細條狀，放到加水稀釋四倍的叉燒調味醬裡醃泡。做好以後用來添加到沾麵用的沾麵醬汁裡面。

筍乾

通常得需要不停翻炒才能入味的筍乾，也拿來用蒸烤箱加熱烹調，以節省繁瑣工序。

材料

筍尖乾…12kg、純淨水…3.8ℓ
叉燒調味醬…1.8ℓ、蠔油…250㎖
芝麻油…250㎖、黃砂糖…150g

3　瀝乾水分以後倒入調理盆中，淋上芝麻油，整體混拌均勻。

1　充分用水清洗乾淨的筍尖乾放入調理盆中。倒入叉燒調味醬、水、蠔油、砂糖混拌而成的調味醬汁，放到 98℃ 的蒸烤箱裡加熱 30 分鐘。15 分鐘的時候攪拌 1 次。

溏心蛋

以叉燒調味醬為醬底，加入水與海鮮顆粒狀高湯，製作出蛋用調味醬汁。

材料

雞蛋…120 顆、叉燒調味醬…2.5ℓ
純淨水…2.5ℓ、顆粒狀高湯粉…20g

2　加熱好以後倒到瀝水籃裡瀝乾水分。

將水煮蛋放到蛋用調味醬汁裡面浸泡 1 晚。

金乃武藏

何謂金乃武藏

「金乃武藏」是 2016（平成 28 年）1 月開始供應新創作拉麵的企劃，「麵屋武藏」自創業以來便不斷追求「創新的高品質」，選擇在其創業 20 週年的階段，再次秉持「希望能提供顧客打開拉麵新大門的創新高品質拉麵」理念展開了這項企畫。不囿於拉麵既有的概念，加入了更多想像力，以大膽而自由奔放的創意創作出每道拉麵。基於回饋顧客的心情，並且這項企畫的首要意旨在於「挑戰拉麵的可能性」，所以有不少道拉麵都不考慮成本以較實惠的價格做供應。除此之外，「金乃武藏」也十分注重日本飲食文化傳統，嘗試在主菜方面選用琉球王國時期以來便納入宮廷膳食的高級食材「イラブー（闊帶青斑海蛇）」，或是以繩文、彌生時期以來就是日本人蛋白質來源的鯨魚肉。而「金乃武藏」的首道創作拉麵，就是次頁收錄的「蔥鮪拉～麵」。本章接下來將為您介紹「金乃武藏」供應過的部分拉麵及其食譜。

蔥鮪拉～麵

「金乃武藏」推出的首道創意料理。由於想在新年之初供應，所以把腦筋動到了因新春初次競標拍賣引發話題的黑鮪魚，萌生出了將其作為主要配料的想法，構思出了這道用拉麵具現江戶冬季宴客料理「蔥鮪鍋」中，令湯汁更加鮮甜可口的鮮蔥與黑鮪魚所帶來的美味與心靈觸動。

黑鮪魚選用的是從「築地鈴富」進貨的野生黑鮪魚。鮮蔥則選用一早新鮮採購回來的，高級日式料理餐廳（料亭）也採用的「千壽蔥」。

黑鮪魚骨架會先用烤箱烘烤再用來熬煮高湯，甚至連黑鮪魚頭肉這種一條黑鮪魚只能取得兩塊的部位也用來熬煮高湯。

麵體採用添加全麥麵粉揉製出來的麵條，加上切成與麵條同樣粗細的千壽蔥一起燙煮成蔥香麵。

2片黑鮪魚上腹肉用高湯醬油加熱至半熟，另外2片則是浸泡過昆布高湯再做盛盤。隨餐附上於千壽蔥中央填入黑鮪魚中腹肉香煎的配料，以及解膩小菜山葵漬日本山藥。

黑鮪魚尾肉

黑鮪魚下巴

黑鮪魚頭肉

販售期間	2016 年 1 月 21 日～ 24 日
販售店鋪	創始 麵屋武藏
販售價格	2160 日圓（含稅）

黑鮪魚骨架

自下而上為黑鮪魚中腹肉、黑鮪魚上腹肉、黑鮪魚上腹肉

作法請參閱第232頁

獺祭 酒香芳醇河豚拉～麵

河豚白子（魚膘）

與日本酒第一品牌「獺祭」聯名合作推出的金乃武藏第二款創意拉麵，利用獺祭原創遠心分離機分離出「獺祭 精米比例23% 遠心分離」酒液後餘下的酒糟製作而成。這樣的分離方式不同於以往裝進酒袋榨取，不會過度施加壓力，因此能得出香氣更足且質地更鬆軟的酒糟。考慮到獺祭是在山口縣岩國市生產製造，還採用當地特產河豚製作而成的高湯。

熬製高湯裡面僅用到了水、昆布與河豚。為了最大程度帶出河豚的鮮味而不減損分毫美味，不添加任何辛香蔬菜並全程細心以低溫慢慢熬煮出高湯。獺祭的酒糟則是等到供應前夕才添加到高湯裡面，避免芳醇酒香逸散。

麵體選用容易嚼食的細直麵條。從「栄ふく」處進貨的特級上等白子（魚膘）會先浸泡到獺祭的酒糟裡面，接著低溫加熱，用火炙烤表面以後盛盤。可以直接夾取食用，享受白子濃醇的鮮甜美味與酒糟的香氣，也可以將白子混入湯中享用。

獺祭

販售期間	2016 年 2 月 25 日～ 28 日
販售店鋪	麵屋武藏　鷹虎
販售價格	2000 日圓（含稅）

虎河豚

作法請參閱
第236頁

金乃「胡椒」拉～麵

紅金眼鯛

考量到「飲食」在歷史上也擁有自「文化」與「玩心」孳屏而來的一面，因而決定將主題訂為「套上文字遊戲構思的拉麵」。配合東京六本木「麵屋武藏 虎嘯」的店名，把焦點放到了「胡椒」上面。由於胡椒在中世紀歐洲地區曾經具有足以換取黃金的價值，遂而構思出這道帶有「黃金」與「胡椒」寓意的拉麵。使用正值三月產季的紅金眼鯛以及花尾胡椒鯛一夜干熬製出的高湯，以及添加金柑揉製而成的麵條。富含脂肪的鮮魚高湯和金柑的芳香特別對味。

花尾胡椒鯛

在盛盤時放上產自山形縣花澤市，用自製胡椒調味醬醃漬與低溫烹調處理的烤霜降和牛上後腰脊蓋肉。還附上了取出豆子填入生胡椒，在調味上充滿「玩心」的甜豆。隨餐備上柬埔寨、馬達加斯加、印尼等國的五種綜合胡椒增添口味上的層次變化，再附上以紅金眼鯛高湯炊煮且塑型成鯛魚的烤飯糰。

販售期間	2016 年 3 月 19 日～ 22 日
販售店鋪	麵屋武藏 虎嘯
販售價格	2000 日圓（含稅）

綜合胡椒

胡椒調味醬漬烤牛肉

作法請參閱第238頁

竹筍拉～麵

把正值產季的竹筍拿來作為主要配料，旨在追求現挖竹筍的甘甜與脆嫩口感。竹筍是一種鮮度減損得十分快速，稍微放置一段時間就出現澀味的食材。有的人會用洗米水來壓過這股澀味，但這樣的作法反而會損及竹筍既有的甘甜與爽脆。苦苦思索如何才能在店內使用「現挖竹筍」，這才想出了「現場烹調」的方法。選用的竹筍來自向來就以盛產竹筍聞名的靜岡縣藤枝市朝比奈地區。採收季節大約是在 4 月份這一個月。派遣人員前往朝比奈地區即時烹調處理現挖出來的竹筍，接著再送回東京。

用清高湯燙煮竹筍作為拉麵高湯。因為希望能品嚐到竹筍煮出來的鮮甜美味，所以只添加鹽巴作為調味。為了營造出與竹筍爽脆口感之間的對比，麵條使用麵屋武藏特製，更富彈韌嚼勁的刀切麵。基於想讓顧客品嚐到大口咀嚼竹筍清脆口感的想法，以根部為中心將竹筍切成大塊。隨餐附上筍尖部分煮成的竹筍飯。

產自藤枝市朝比奈地區的竹筍

筍尖用來煮竹筍飯

採收下來以後立刻當場進行烹調

販售期間	2016 年 4 月 14 日～17 日
販售店鋪	麵屋武藏　蒲田店
販售價格	2000 日圓（含稅）

根部一側用來擺放到拉麵上面

作法請參閱
第 242 頁

215

利穆贊牛拉～麵

在 20 週年這一年的「金乃武藏」活動中，將「麵屋武藏 虎洞」（東京吉祥寺）於 2005 年推出的「牛拉～麵」進行版本升級而成。

牛肉為利穆贊地區的棕毛牛，特色在於其瘦肉部位能嚐到牛肉既有的口感與鮮甜美味。是店家從法國極具代表性的精肉鋪「IIUGO DESNOYER」處採購，經店家嚴格把關的利穆贊牛。湯頭則是用利穆贊牛的牛筋肉、牛腱肉與牛脂，以及法國諾曼第地區小牛的牛筋肉與牛骨先烘烤後熬煮出來的小牛高湯（Fond de veau）。麵條則是使用法國產麵粉製作而成。最後擺上拌入辣根油的韭蔥與蝦夷蔥。

牛後腰脊肉、牛肩胛肉、牛筋肉按部位進行個別烹調，享用箇中不同的風味與口感。擺放上以精肉鋪「HUGO DESNOYER」特色餐點韃靼牛肉※製作而成的「麵屋武藏 虎洞」特製香腸。

※ 韃靼牛肉：新鮮生牛肉剁碎後拌入香料，搭配生蛋黃一同享用的法式料理。

牛筋與牛腱肉

牛里肌肉香腸

韭蔥

糖醋醃嫩薑

販售期間	2016 年 6 月 23 日～ 26 日
販售店鋪	麵屋武藏 虎洞
販售價格	2000 日圓（含稅）

牛後腰脊肉

作法請參閱
第 245 頁

水沾麵

黑鮑魚

沾麵的材料當中，「水」不僅是麵條與沾麵醬汁不可或缺的材料，更是其中占比最大的一項主要材料。於是「金乃武藏」便試著藉由「讓人意識到水的存在」，呈現「水」本身所具有的「美味」。

在此使用的是入選平成名水百選的靜岡縣富士吉田市境內的湧玉池湧泉水。不僅用來製作麵條與高湯，就連燙煮麵條、沖洗熟麵的水也同樣都用到了湧泉水。由於該泉水常年水溫維持在 11 ～ 13℃，故而便致力於讓顧客能品嚐到這個溫度的沾麵。

湧玉池泉水冰磚

麵條採用北海道產「春よ恋」麵粉和 50% 的加水率，進行溫度管理的同時耗費半天以上的時間揉製，儘可能製作出接近手打麵的麵條，特色在於麵條具有其他中華麵（油麵）所沒有的香氣、嚼勁與韌度。是麵屋武藏為了這道沾麵特地和 KANEZIN 食品共同攜手開發出來的麵條。沾麵湯頭用到的是經過日曬處理的自製乾燥鮑魚高湯。沾麵醬汁裡還添加了水生植物蓴菜。和泉水同樣產自靜岡縣的鮑魚則是用來增添口味上的層次變化。

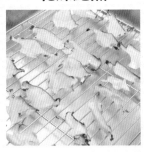
乾燥鮑魚

販售期間	2016 年 7 月 28 日～ 31 日
販售店鋪	麵屋武藏　武骨相傳
販售價格	2000 日圓（含稅）

蓴菜

作法請參閱
第 250 頁

金乃秋葉原咖哩拉麵

牛脂香料油

在 20 週年紀念活動中將「麵屋武藏 武仁」（東京秋葉原）於 2009 年開業之際推出的「秋葉原咖哩拉麵」進行版本升級為「金乃武藏秋葉原咖哩拉麵」重現於眾人面前。

聚焦於香料的藥療效果，讓顧客在點餐的時候自行從「①促進食慾、②促進消化、③抑制膽固醇、④強身健體、⑤改善畏寒、⑥舒緩宿醉、⑦身心舒緩、⑧改善膚況」之中挑選感興趣的項目，再由店家將各項目事先調配好的綜合香料加到基礎高湯裡面做供應。基礎高湯由雞、豬、牛、蔬菜與香料製作而成。將油漬大蒜與生薑、辣椒放入中式炒鍋裡翻炒，再加入高湯、調味醬、香草植物、香料調配出每一碗拉麵。麵條同樣是以添加了香草植物的熱湯燙煮。

「麵屋武藏 武仁」的招牌菜「武仁肉」則是以山形牛的上後腰脊蓋肉製作而成，選用與湯頭更顯對味的香料做調味。最後再擺上蔥白絲與新鮮香草植物。

用到的香料與
香草植物

山形牛
上後腰脊蓋肉

販售期間	2016 年 8 月 25 日～ 28 日
販售店鋪	麵屋武藏 武仁
販售價格	2000 日圓（含稅）

用香草湯煮麵

作法請參閱
第253頁

山中王拉～麵

長野縣下伊那梅松苑的松茸

山豬里肌肉與五花肉

作為金乃武藏活動於秋季提供的拉麵，聚焦於「山林珍饈」製作出這道符合金乃武藏標準的拉麵。使用到的山林珍饈分別為松茸、栗子與山豬肉。鹽巴使用長野縣大鹿村溫泉水製作而成，無法大量生產而被稱為夢幻鹽的山鹽「塩畑」。

使用燙煮山豬肉並放入松茸增添香氣與鮮味的熱湯作為高湯。松茸使用從長野伊那地區松川町「梅松苑」產地直送的信州松茸。在麵條裡揉入栗子粉，香料油則是用核桃油拌炒松茸吸收其中香氣的核桃油。山豬的豬五花肉烹調成自製培根用於擺盤。

隨餐附上用長野縣新鮮稻米煮出的米飯與大鹿村「山鹽」捏出的鹽味飯糰。食用的時候可以先嚐一口山鹽與新鮮稻米的鮮甜美味，再放到吃剩的拉麵湯裡面，當作松茸湯拌飯享用。

販售期間	2016 年 9 月 29 日～ 10 月 1 日
販售店鋪	麵屋武藏　嚴虎
販售價格	2000 日圓（含稅）

松茸香料油

醋橘胡椒

山豬培根

作法請參閱
第259頁

肥肝拉～麵

於此著眼於世界三大珍饈之一。如果只是把肥肝擺放到拉麵上面會顯得太過普通，所以金乃武藏將目光聚焦到了肥肝的「油脂」上面。雖然拉麵向來都會添加各種香料油，不過此處選擇了以肥肝作為「過篩背脂※」使用的提案。

本次使用的是合鴨（雜交鴨）的肥肝，所以湯頭也一併採用鴨骨高湯。先用昆布冷泡出高湯，接著放入鴨骨架，熬煮出帶有透明感又不會被肥肝脂肪蓋過味道的濃郁鴨骨高湯。

依照不同產地的肥肝特色進行烹調處理，將西班牙產肥肝製成肉醬用來作為過篩背脂添加，匈牙利產肥肝則是香煎以後用於擺盤點綴。最後再擺放上添加肥肝油脂進行低溫慢火油封烹調處理的鴨胸肉。

※ 過篩背脂：「背脂チャッチャ」，一種拉麵派系。拉麵盛好以後，不添加香料油，而是用網篩過濾添加滷到入口即化的豬背脂。「チャッチャ」為甩動網篩時的唰唰聲。

**過篩用
西班牙產鴨肥肝**

**擺盤點綴用
匈牙利產鴨肥肝**

千住蔥

販售期間	2016 年 10 月 27 日～30 日
販售店鋪	麵屋武藏 神山
販售價格	2000 日圓（含稅）

肥肝鴨的鴨胸肉

作法請參閱
第262頁

金乃藥膳拉～麵

鱉（兜スッポン）

**添加冬蟲夏草的
麵條**

基於日本自古以來的「藥食同源」觀念，將目光聚焦於使用中藥或藥膳來滋養五臟六腑的食物，開發出這道追求滋補與強身健體的金乃武藏拉麵。

拉麵湯頭使用一整隻鱉熬製出高湯，添加藥膳開發株式會社五七協助提供的冬蟲夏草、鹿角靈芝、人參、枸杞、紅棗、丁香、龍眼乾、桂皮等藥材製作而成。得到許多顧客給出的「讓身體由內而外溫暖起來」的評語。

麵條裡揉入了冬蟲夏草粉末，燙煮麵條用的麵湯也添加了冬蟲夏草精華，製作出能夠享用到獨特香氣的麵條。擺放上用鱉肉製成的炸肉丸。鱉甲的裙邊肉用熱水燙熟後一併盛盤，享用其富含膠質的獨特彈嫩口感。

用到的漢方藥材

販售期間	2016 年 11 月 24 日～ 27 日
販售店鋪	麵屋武藏　二天
販售價格	2000 日圓（含稅）

人參

作法請參閱
第266頁

大閘蟹沾麵

奢侈地使用了只有 11～12 月才吃得到的大閘蟹，並將其列入金乃武藏推出。僅選用活的公大閘蟹，並且每碗麵用到五隻大閘蟹。湯頭為材料只有水與大閘蟹的水煮大閘蟹湯。由於選用高新鮮度的大閘蟹，所以也不需要添加辛香蔬菜。蟹膏用油與生薑等調料一起拌炒，混入沾麵醬汁裡面，並僅用鹽巴做調味。沾麵醬汁裡面還添加了用紹興酒浸泡過的魚翅。

麵體選用麵屋武藏特製的刀切麵。採熱麵供應，在麵條上面淋上煮沸過的紹興酒與味醂保溫的同時增添風味。就算大閘蟹浸泡到沾麵醬汁裡面，也不會降低醬汁的溫度，充分品嚐最佳風味。

大閘蟹的蟹肉用來製成炒飯，填回蟹殼裡面放到烤箱裡面烘烤，隨餐一併附上。可以直接品嚐，也可以放入麵湯裡面享用。

大閘蟹

大閘蟹炒飯

大閘蟹膏

販售期間	2017 年 11 月 25 日～26 日
販售店鋪	麵屋武藏　蒲田店
販售價格	2160 日圓（含稅）

魚翅

作法請參閱
第270頁

金乃可可拉～麵

蝦夷鹿的筋與骨

　　2008 年與樂天中央研究所聯名合作，開發出使用了巧克力的拉麵。而後在 2019 年推出列入金乃武藏的究極版本巧克力拉麵。將巧克力的原材料可可豆經過發酵、乾燥、碾碎、烘烤成可可碎粒，榨取出可可脂。一般工廠大量生產的可可脂會進行加熱脫臭處理而變得無味無臭，但從優質可可碎粒上面榨取出來的可可脂則帶有宜人的香氣。在樂天中央研究所的協助下，萃取出此種香氣宜人的可可脂作為拉麵的香料油使用。

　　此款可可脂香料油的高湯材料選用蝦夷鹿肉與骨頭，熬製成法式清湯。配料同樣選用蝦夷鹿肉，將加入可可脂的鹿里肌肉製成真空包裝，低溫烹調後盛盤。

蝦夷鹿里肌肉

蝦夷鹿法式清湯

販售期間	2019 年 2 月 14 日～ 17 日
販售店鋪	麵屋武藏　神山
販售價格	2160 日圓（含稅）

可可脂

**添加可可碎粒的
麵條**

作法請參閱
第275頁

蔥鮪拉～麵

創始 麵屋武藏 【 商品解說參閱第 209 頁 】

鮪魚高湯

【 材料 】

昆布高湯…5ℓ（水…5ℓ、高湯昆布…100g）、黑鮪魚骨架…
1 整條、黑鮪魚頭肉…1 條份、黑鮪魚尾肉…1 條份、黑鮪魚
下巴…半邊份、生薑…2 片

利尻昆布放到水裡冷泡 1 晚。

用湯匙刮下黑鮪魚骨架上的魚肉，同樣用於熬煮高湯。

黑鮪魚骨架、黑鮪魚頭肉放入烤箱烘烤 20 分鐘。黑鮪魚下巴、黑鮪
魚尾肉烘烤 30 分鐘。烘烤時流出來的油脂不另做使用。

步驟 1 開火，維持 60℃ 的溫度熬煮 30 分鐘並取出昆布。開大火煮滾以後，加入折斷的魚骨架與魚下巴。魚尾肉與魚頭肉也一同放入鍋中。

撈除浮沫與表面的浮油，放入生薑再蓋上保鮮膜，放到蒸烤箱裡面蒸上 20 ～ 30 分鐘。

在細目濾網上面蓋上一張廚房紙巾，動作輕緩地進行過濾。不做出用力擠壓的動作。

拉～麵調味醬

【 材料 】
生醬油（小豆島）…700㎖、薄口醬油…700㎖、味醂…200㎖
日本酒…100㎖、高湯昆布…50g、魚乾…100g
魷魚乾…20g、鰹魚柴魚…100g、鮪節…80g、黃砂糖…30g

生醬油與薄口醬油倒入鍋中混合均勻，放入魚乾、利尻昆布與魷魚乾浸泡一個晚上。

次日開火，撈除加熱時冒出來的浮沫。煮滾以後加入鮪魚柴魚，轉成小火維持 80℃ 的溫度熬煮 20 ～ 30 分鐘，並於期間持續撈除浮沫。

3

熬煮 20～30 分鐘以後，加入黃砂糖、煮滾並揮發掉酒精的味醂，煮至砂糖完全溶解即可關火。直接靜置 1 晚。

4

次日過濾。

醃泡蔥

【材料】
千壽蔥…適量、昆布高湯…300㎖
叉燒調味醬…80㎖、沙拉油…少許

切成 3 ㎝長的千壽蔥段用沙拉油快速香煎表面。鍋中倒入昆布高湯與叉燒調味醬，開小火慢火滷煮千壽蔥。關火靜置 1 晚。

山葵漬日本山藥

【材料】
山芋…適量、昆布高湯…300㎖、味醂…50㎖
薄口醬油…20㎖、白高湯…30㎖、山葵…30g

日本山藥切成長約 3～4 ㎝、寬約 1 ㎝的長條狀。昆布高湯、味醂、醬油與白高湯加到一起開火煮滾，關火放涼以後拌入山葵泥，放入日本山藥浸泡 1 天。

蔥鑲鮪魚

【 材料 】

千壽蔥…適量、黑鮪魚中腹肉…100g、蔥綠…20g

鹽巴…1 小撮、味噌…8g、沙拉油…適量

黑鮪魚中腹肉用菜刀剁碎,加入鹽巴與味噌混合均勻。

千壽蔥切成 3 cm長的蔥段,取出蔥芯,填入步驟 **1** 。

鍋中倒入少許沙拉油熱鍋,鋪上一層切開的蔥白,將步驟 **2** 垂直擺放到上面香煎。跳過側邊蔥白部分,翻面直立煎另一面。

涮黑鮪魚上腹肉

【 材料 】

黑鮪魚上腹肉、高湯醬油、千壽蔥、昆布高湯

【昆布高湯 材料 】

叉燒調味醬…200㎖、昆布高湯…600㎖、濃口醬油…50㎖

蔥段放入高湯醬油裡面煮至沸騰,快速涮過 1 遍黑鮪魚上腹肉。

蔥絲麵

【 材料 】

全麥細直麵…1 人份 120g

千壽蔥…25g

千壽蔥切成和麵條同樣粗細的蔥絲。在麵條快煮好的 5 秒鐘前加進去快速汆燙後撈出。

獺祭 酒香芳醇河豚拉～麵

麵屋武藏 鷹虎 【 商品解說參閱第 211 頁 】

獺祭 河豚高湯

【 材料（10 人份）】
虎河豚肉與魚骨…共 2.5kg、利尻昆布…適量
水…3ℓ、獺祭…500㎖

開火熬煮前 1 天事先泡好的昆布水，在快要煮滾之前取出昆布。

放入處理好的河豚肉與魚骨。火力大小調節在小火與中火之間，熬煮 60～90 分鐘。頻繁撈除中途冒出來的浮沫。

熬煮 60 至 90 分鐘以後，加入獺祭煮至沸騰，離火。蓋上保鮮膜放入 100℃ 的蒸烤箱裡面加熱 60 分鐘。

在細目濾網上面蓋上一張廚房紙巾，動作輕緩地進行過濾。完成 3ℓ 的高湯。

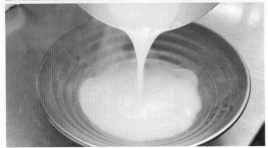

收到顧客點餐以後，取350㎖河豚高湯盛入湯鍋中加熱，加入鹽巴4．3g、河豚魚鰭油15㎖、酒糟15g

混合均勻，盛入麵碗之中。

河豚魚鰭油

【材料】
虎河豚魚鰭…6 片、太白芝麻油…150㎖

河豚魚鰭放到烤網上面，雙面炙烤至香氣四溢。

河豚魚鰭烤好以後放到太白芝麻油裡面熬煮，待香氣滲入油中，用廚房紙巾過濾。以一人份 15㎖的分量做使用。

香烤河豚白子

【材料】
虎河豚白子…1 條份

放到明火烤爐裡面炙烤表面，盛放到拉麵上面。

237

金乃「胡椒」拉～麵

麵屋武藏 虎嘯 【商品解說參閱第213頁】

金乃胡椒高湯

【材料】

利尻昆布…50g、純淨水…5ℓ、牛尾高湯…1ℓ
牛豬絞肉…500g、紅金眼鯛魚頭（魚骨）…2kg
真鯛魚頭（魚骨）…1kg、鯛魚頭（魚骨）…1kg
日本酒…適量、蔥綠…3根、生薑…少許

牛尾冷水入鍋燙煮過1遍以後略做沖洗，重新加水並放入生薑、蔥綠，熬煮6小時以後過濾。

高湯昆布事先泡水1個晚上。

牛尾高湯加到步驟 2 裡面開火，煮滾以後取出昆布。

倒入加水拌開的牛豬絞肉，熬煮60分鐘。

用細目濾網過濾。

撈除冒出來的浮沫。將火力調節到微微冒泡的沸騰狀態。

熬煮到一半的時候加入日本酒、蔥綠、生薑。

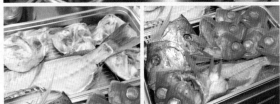

動作輕緩地用細目濾網過濾後放涼。

紅金眼鯛的魚頭 · 魚骨、花尾胡椒鯛魚頭（魚骨）事先浸泡到濃度3％的鹽水2個小時，陰乾以後加到步驟 5 過濾好的高湯裡面，熬煮40分鐘。

虎嘯醬

【材料】
干貝乾…20g、蝦乾…40g
大蒜…2.5g、蔥…50g
太白芝麻油…25g、完熟胡椒（Ripe Pepper）…20g

材料充分混合均勻。點綴到香煎紅金眼鯛上面。

綜合胡椒

【材料】
完熟胡椒（柬埔寨產）
野生黑胡椒（馬達加斯加產）
馬達加斯加黑胡椒（馬達加斯加產）
蓽澄茄（Cubebe Black Pepper／印尼產）
綠胡椒（印度產）

各種胡椒粒分別碾碎以後混合到一起，隨餐一同附上，用以增添口味上的變化。

胡椒烤牛肉

【材料】
牛上後腰脊蓋肉…1kg、濃口醬油…500㎖、味醂…50㎖
日本酒…50㎖、黃砂糖…100g、青辣椒…10 根
柚子胡椒…10g、蔥綠…1 根

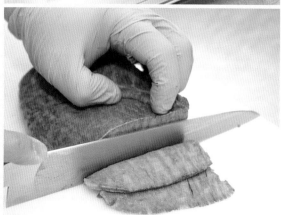

醬油、味醂、日本酒、黃砂糖加到一起，煮滾後放涼。將此調味醬和切碎的青辣椒、蔥綠、柚子胡椒和牛上後腰脊蓋肉一起製成真空包裝，放到冷藏室裡面靜置 1 天。次日從袋中取出，放到 60℃的蒸烤箱裡面加熱 3 小時。

胡椒香煎紅金眼鯛一夜干

【材料】
紅金眼鯛一夜干…半邊、胡椒油…適量
完熟胡椒…5g、太白芝麻油…50㎖

紅金眼鯛片成3片，魚肉片切成4塊。

淋上胡椒油，靜置10分鐘。

開中火先從魚皮側開始加熱，雙面香煎。

甜豆鑲胡椒

甜豆快速用鹽水汆燙過1遍，夾出豆子，取而代之填入兩顆生胡椒（鹽漬胡椒）。

胡椒油

完熟胡椒用研磨機磨成細粉，混入太白芝麻油裡面。

鯛魚烤飯糰

水中添加高湯炊熟米飯，盛到鯛魚造型熱壓吐司機裡面，在米飯中間包入虎嘯醬和一顆生胡椒後熱烤。烤好以後在其中一面擺上一顆胡椒當作魚眼睛。

竹筍拉～麵

麵屋武藏 蒲田店 【 商品解說參閱第 215 頁 】

高湯

【 材料 】
純淨水⋯24ℓ、利尻昆布⋯400g
鰹魚柴魚（剔除血合肉 ※）⋯250g、日本酒⋯300㎖

昆布事先放到水中冷泡 1 晚，次日開火，維持 60℃ 的温度熬煮 60 分鐘後取出昆布。加入日本酒煮至沸騰。

※ 血合肉：靠近魚背，呈暗紅色澤的部位。

熬煮期間取來兩個錐形過濾器，在中間夾住一張廚房紙巾，在最上方鋪上鰹魚柴魚，淋上煮得滾燙的步驟 1。

不擠壓鰹魚柴魚，而是用靜置的方式過濾出高湯。

水煮竹筍

【材料】
高湯…2ℓ、鹽…20g、竹筍（帶殼）…5kg

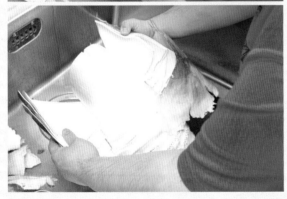

竹筍洗去泥土，斜刀切下筍尖。自筍尖方向垂直下刀切開，剝去筍殼。

削掉根部較老硬的部分，削切至纖維變得細嫩的邊界處。整支竹筍切成 5 cm寬的圓輪狀。

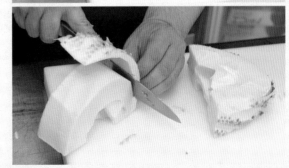

圓輪狀竹筍對半切，將生出根鬚的顆粒部分也削掉。

243

接著對半切，在有厚度的地方劃上刀痕。

切好的竹筍要立刻用高湯燙煮。在高湯煮滾以後放入竹筍，煮上 10 分鐘。加入鹽巴繼續煮上 10 分鐘。煮好的高湯用來作為拉麵湯頭使用。（鹽分約為 2%。）

煮好的竹筍放到另一個盛放冷藏高湯的容器當中，靜置次日。此浸泡用高湯會拿來炊煮竹筍飯。

竹筍飯

【材料】

米…3 杯、浸泡竹筍的高湯…640㎖、鹽…7g
日本酒…15㎖、水煮竹筍…300g、花椒芽…適量

洗好的米加上浸泡竹筍的高湯、鹽巴、日本酒加到一起開火炊煮。煮滾以後轉為小火，加入浸泡過高湯並切得較為大塊竹筍丁，不攪拌，直接蓋上鍋蓋，小火煮上 20 分鐘，關火燜蒸 5 分鐘。竹筍飯盛入碗中，擺上跟竹筍來自同座山的花椒芽做點綴。

利穆贊牛拉～麵

麵屋武藏 虎洞 【商品解說參閱第 217 頁】

小牛高湯（Fond de veau）

【 材料（成品為 6ℓ，20 人份）】

小牛骨…5kg、小牛筋…3kg、紅蘿蔔…2 根
洋蔥…3 顆、芹菜…3 根、大蒜…2 顆份
純淨水…16ℓ、鹽…10g、百里香…8g、月桂葉…6 片
白胡椒粒…20g、番茄糊…400g
橄欖油…適量、紅酒…300㎖

保留烹烤步驟 **1** 時流出的油脂，倒入紅酒和水將附著在烤盤上面的肉汁刮下來，加到步驟 **1** 的大湯鍋裡面。

小牛骨洗去血水，放入180℃的蒸烤箱蒸烤30分鐘。烤好以後一起放到大湯鍋裡面。小牛筋同樣以180℃的烤箱烹烤30分鐘。

245

倒入純淨水，開火加熱並撈除浮沫。

大蒜（橫切一刀）用橄欖油香煎上色後，加到大湯鍋裡。

在步驟 4 煎過大蒜的平底鍋裡補倒上適量橄欖油，拌炒芹菜（葉片摘掉備用）、紅蘿蔔、洋蔥，同樣加到大湯鍋裡面。

接著加入番茄糊、芹菜葉、百里香、月桂葉、鹽巴與白胡椒。

熬煮 6 小時以後的狀態。接著繼續熬上 2 小時。

撈起熬煮小牛高湯時浮在最上層的油湯，放涼凝固以後挖下吸收了番茄香氣的牛油和凝固在一起的香草植物。加熱融化並進行過濾，用來在香煎牛後腰脊肉的時候做使用。

大湯鍋裡的湯進行過濾並熬煮至剩餘 6ℓ 的分量，小牛高湯即大功告成。

醬油調味醬

【 材料（成品為 800㎖）】
濃口醬油…500㎖、生醬油…150㎖、味醂…100㎖
日本酒…100㎖、三温糖…50g、伯方鹽…15g
水…300㎖、鰹魚柴魚（厚切片）…150g、鯖魚柴魚…80g
宗田鰹魚柴魚…80g、高湯昆布…30g

昆布放到水裡冷泡 1 晚，把生醬油以外的調味料都加到裡面，開火
加熱。在快要煮之前將昆布取出。

取出昆布以後，加入柴魚類材料。不加以攪拌，關火靜置放涼。

完全冷卻以後，用細目濾網進行過濾。過濾的時候不做出用力擠壓
的動作。

過濾好以後加入生醬油，製作出充滿醬油香氣的醬油調味醬。

牛後腰脊排

【 材料 】
牛後腰脊肉片、牛脂、鹽、胡椒

牛後腰脊肉抹上鹽巴和胡椒以後，用牛脂香煎。整體香煎 5 分鐘，
包上鋁箔紙靜置 5 分鐘。

燉利穆贊牛筋肉

【材料】
牛筋肉…1kg、牛腱肉…1kg
紅酒…400㎖、萬用調味醬…100㎖

牛筋肉與牛腱肉快速汆燙過1遍以後，用流水沖洗。

用壓力鍋加壓燉煮20～30分鐘以後，加入紅酒和萬用調味醬（「虎洞」）滷燉上40分鐘。此滷汁還會用來製作涮牛肩胛肉。

利穆贊牛香腸

【材料】
牛豬里肌肉…1kg、冰塊…50g、鹽…20g、胡椒…適量
奧勒岡…適量、孜然…適量

牛里肌肉隨意切塊以後，和其餘材料一起放入食物調理機攪打成絞肉狀。

灌入腸衣之中，掉在蒸烤箱裡用送風模式風乾30分鐘。

用 70℃ 的熱水燙煮 20 分鐘。

燙好以後立刻浸泡到冰水裡面冰鎮。於供應前煎烤盛盤。

糖醋醃嫩薑

【 材料 】

嫩薑⋯500g、鹽⋯少許、砂糖⋯60g

日本酒⋯100㎖、味醂⋯100㎖、醋⋯500㎖

醃泡好的糖醋醃嫩薑切成丁狀後盛盤。可以用來增添口味上的變化，
也可以享用到不同於牛肉的口感。

韭蔥

【 材料 】

韭蔥⋯1 根、蝦夷蔥⋯1/2 束

玄米油⋯50㎖、辣根⋯適量

辣根磨成泥，和玄米油一起攪拌均勻。不添加鹽與胡椒。

蝦夷蔥切成蔥末，韭蔥切成細絲，加上步驟 1 混拌均勻。

水沾麵

麵屋武藏 武骨相傳 【 商品解說參閱第 219 頁 】

高湯

【 材料 】

水…3ℓ、高湯昆布…100g、乾燥鮑魚…90g、鹽…30g

【 乾燥鮑魚 材料 】

新鮮鮑魚…1 個、鹽…適量

處理新鮮鮑魚。撒上鹽巴搓揉，去除表面的汙垢。

用流水沖洗乾淨，剝掉外殼。

剔除肝臟與裙邊。由於嘴部較硬，所以也一併切除。

鮑魚切成薄片，平鋪到廚房紙巾上面，放入食品乾燥機裡乾燥半天。拿掉廚房紙巾，接著繼續用食品乾燥機乾燥半天。

昆布放到水裡冷泡 1 晚，取出昆布後開火煮至沸騰。撈除冒出來的浮沫，加入乾燥鮑魚放到蒸烤箱裡面蒸上 10 分鐘，放涼冷卻。添加的比例為 1ℓ 高湯比 30g 乾燥鮑魚。

蒸好以後，用錐形過濾器加上廚房紙巾的組合進行過濾。以 100㎖高湯比 1g 鹽巴的比例加鹽，放涼冷卻。過濾出來的鮑魚可以做成佃煮或切碎作為炒飯配料。

251

麵條

為避免麵條影響水的風味，選用的是不添加鹼水的平打麵。燙煮麵條的水同樣採用煮沸的靜岡縣富士宮市溜玉池湧泉水。使用濃度2%的鹽水燙煮。

剛煮好的麵條用流水降溫，用涼水加冰塊冰鎮。涼水跟冰塊皆是靜岡縣富士宮市溜浴池湧泉水煮沸後放涼跟凍結而成的冰塊。

碗中鋪上蓮葉，擺放上如片木盒蕎麥麵那樣捲成一口大小的數個麵條團，淋上用溜玉池湧泉水製作而成，濃度0.5%的鹽水。該鹽水也會用來稀釋高湯。甚至還運用巧思在蓮葉中間戳洞，讓葉片漂浮在水上。

蓴菜

蓴菜快速燙過1遍，加入少量鹽巴並淋上平兵衛醋柑橘（產自宮崎縣日向市的一種柑橘）果汁，調配成沾麵醬汁。

金乃秋葉原咖哩拉麵

麵屋武藏 武仁 【 商品解說參閱第 220 頁 】

高湯

【 材料 】
水…20ℓ、豬大腿骨…5kg、全雞…3 隻、牛後腰臀絞肉…3kg
蔥綠…5 根、大蒜…1 顆、生薑…30g、洋蔥…3 顆
紅蘿蔔…1 根、番茄…1 顆、第一道高湯…用於調整高湯濃度

加入蔥綠、大蒜、生薑一同熬煮。

熬煮豬大腿骨並撈除浮沫，放入全雞。開中火熬煮以避免煮出高湯的濃度。

洋蔥、紅蘿蔔、番茄切成末放入油鍋中充分拌炒，再加入大湯鍋裡熬煮 20～30 分鐘。

中火熬煮 20 ～ 30 分鐘以後，先過濾 1 遍。放涼至 30℃。

取部分已放涼的高湯倒入牛絞肉裡面，把肉拌開。倒回大湯鍋裡面
開火加熱。

煮滾以後過濾。

第一道高湯

【材料】
水…1.5ℓ、昆布…40g、鰹魚柴魚…60g

會在高湯裡添加少許第一道高湯做調整。冷泡好的昆布高湯開火煮
沸後，澆到鰹魚柴魚上面邊淋邊做過濾。過濾時使用兩個錐形過濾
器中間夾住 1 張廚房紙巾的組合進行過濾。不在過濾期間用力擠壓
柴魚片。

254

拉麵調味醬

【 材料 】
羅臼昆布…100g、日本鯷魚乾…250g、花蛤…1kg
蜆　500g、日本酒…300ml、味醂…各300ml
鰹魚柴魚…100g、鹽…500g、砂糖…250g
蠔油…100ml、水…2.5ℓ

昆布放到水裡冷泡 1 晚。

次日放入魚乾、已經吐完沙的蜆與花蛤後開火。

在煮滾之際取出昆布，熬上 40 分鐘。

期間不時撈除浮沫，轉為小火熬煮。加入砂糖、鹽巴、蠔油充分溶入其中。

關火前放入鰹魚柴魚。輕輕攪拌以後關火，直接靜置 1 晚，次日進行過濾。

香料油

【 材料 】
牛脂（絞肉狀）…800g、月桂葉…1 片
丁香…6 顆、孜然…1g、綠豆蔻…4 顆

絞肉狀牛脂放入 100℃ 的蒸烤箱裡面加熱 20 ～ 30 分鐘。融出油以後，過濾筋與脂肪。

牛油倒入鍋中，放入丁香、月桂葉、綠豆蔻與孜然煮至香氣充分滲入油中。

山形牛上後腰脊蓋叉燒

【 材料 】
牛上後腰脊蓋肉…100g、叉燒調味醬…適量

【 叉燒調味醬 材料 】
日本酒（煮切 ）…800㎖、濃口醬油…800㎖
砂糖…150g、高湯…900㎖、咖哩粉…2g
葛拉姆馬薩拉…1g、乾燥火蔥…2g
蔥綠…3 根、大蒜…3 瓣

山形牛的牛上後腰脊蓋肉不撒胡椒跟鹽巴，直接放到平底鍋裡香煎表面。

表面都煎好以後，放到叉燒調味醬裡醃泡。

金乃秋葉原咖哩拉麵

麵條

麵條為加水量偏少的直麵,方刀、20 號,每人份 200g。鍋中放入裝有馬蜂橙葉、檸檬草或萬壽菊的茶包袋煮開,再用煮麵杓燙煮麵條。選用低加水量麵條以便於吸收煮麵水裡香草植物的香氣。

香草油

【 材料 】
羅勒…1 包、生薑…50g
青紫蘇葉…10 片、沙拉油…適量

吸收了青紫蘇葉、羅勒、生薑香氣的沙拉油。在鍋中混合高湯、調味醬與香料的時候一同添加。

基本香料

【 材料 】
薑黃粉、茴香粉、小豆蔻粉、丁香粉、黃芥末粉
孜然粉、芫荽粉、肉豆蔻粉、山椒粉、肉桂粉
黑胡椒粉、零陵香豆粉、月桂葉粉、辣椒粉、葫蘆巴粉

使用基本香料,再依顧客挑選的項目混入事先調配好的綜合香料,添加到高湯裡面完成湯頭。

辣椒

【 材料 】
島辣椒(沖繩)…1 包、青辣椒…10 根
沙拉油…適量

提供「微辣」、「中辣」、「大辣」的辣度供挑選,選擇「大辣」的餐點會再混入以島辣椒等材料製作而成的辣椒糊。

金乃秋葉原咖哩拉麵的 製作烹調過程

1 翻炒基本辛香蔬菜

↓

2 添加提升鮮味的材料

↓

3 添加香料

↓

4 完成前加入香草、香料油

混入切碎的乾燥牛肝菌、乾燥火蔥與乾燥蘑菇。

加入綜合香料。

油漬大蒜、油漬生薑、辣椒油放入鍋中加熱，加入高湯、調味醬、香料油。

完成前加入香草植物油、香料油。

山中王拉～麵

麵屋武藏 嚴虎 【 商品解說參閱第 223 頁 】

山豬高湯

【 材料 】

水…6ℓ 山豬里肌肉…500g、豬五花肉…1kg、松茸的菇傘與
菇柄…1kg、山鹽…以 300㎖高湯比 5g 鹽巴的比例加鹽

山豬里肌肉、山豬五花肉冷水入鍋燙煮。考慮到主要食材是松茸，
而山豬骨會令高湯過於濃郁，所以改用肉熬湯。

熬上 2 小時並撈出山豬肉，放入松茸菇傘與撕開的菇柄。

因為想要熬出膠質，所以在以中火熬煮到一半的時候用剪刀把肉剪
開，以利於熬出高湯。

259

松茸煮熟以後連湯帶料一起用食物調理機攪打成泥狀。過濾後加鹽調味。

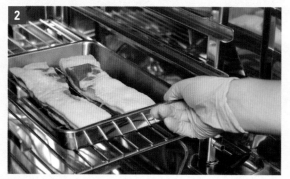

山豬培根

【材料】
山豬五花肉…500g
醃漬液（白溜醬油 150㎖、鹽巴 10g、月桂葉 2 片）
櫟木屑…適量

山豬五花肉放到醃漬液裡浸泡半天。

浸泡過的山豬肉，脂肪側朝上放入 100℃ 的蒸烤箱裡加熱 30 分鐘。

櫟木屑放到中式炒鍋裡，擺上網架，接著將步驟 2 的山豬肉並排放到網架上面，點火開始煙燻。山豬培根切成薄片，放到平底鍋中香煎上色即可盛盤。

松茸油

【材料】
松茸…50g、核桃油…100㎖

松茸切成略粗的片狀，倒入少量核桃油翻炒。

拌炒出松茸的香氣以後，繼續倒入核桃油。

倒足分量所需的核桃油以後，移到調理盆中。靜置冷卻讓松茸香氣充分滲到油裡。

用細目濾網過濾。每人份添加 10㎖的香料油。

鋁箔紙烤松茸

松茸菇柄配合麵條的粗細切成細絲狀，放到鋁箔紙裡，撒上溫泉鹽再放到烤箱裡面烤上 7 分鐘。烤好以後擺到拉麵碗中，輕輕和拉麵攪拌到一起方便顧客搭配麵條一同品嚐。

醋橘胡椒

【材料】
醋橘皮…20g、青辣椒…20g、山鹽…5g、醋橘果汁…15㎖

用以增添風味變化的醋橘胡椒。將醋橘皮、青辣椒、鹽巴與醋橘果汁放到研磨缽裡面混合磨碎。

261

肥肝拉～麵

麵屋武藏　神山　【 商品解說參閱第 225 頁 】

鴨骨高湯

【 材料（10 人份）】
鴨骨架…2.5kg、千住蔥…2 根、合鴨絞肉…500g
羅臼昆布耳…100g、純淨水…5ℓ

將昆布事先冷泡 1 晚。為了方便之後取出，先裝到過濾袋裡面再泡水。

鍋中倒水並放入洗去血水的鴨骨架，開火加熱。

煮至 80℃ 的時候取出昆布，放入切成段狀的千住蔥。由於加蔥的目的在於增添其香氣而非去腥，所以只放蔥白，不放蔥綠。

倒入先加水半開的合鴨絞肉，用小火熬煮 2 小時。

熬煮 2 小時以後過濾，放涼以後刮除表面凝固的油脂再做使用。

拉～麵調味醬

【材料（40 人份）】

純淨水…1ℓ、料理酒…200㎖、味醂…200㎖
羅臼昆布耳…30g、斑點莎瑙魚乾…200g
烤飛魚乾…30g、乾香菇…5g
煙燻沙丁脂眼鯡乾…2.5g、宗田鰹魚柴魚…150g
鯖魚柴魚…50g、秋刀魚…50g
特選丸大豆醬油…2.5ℓ、黃砂糖…125g
味精…30g

魚乾、昆布放到水裡冷泡 1 晚。

開火煮至 80℃ 以後取出昆布，加入醬油、鯖魚柴魚、宗田鰹魚柴魚、烤飛魚乾、煙燻沙丁脂眼鯡乾，維持 70℃ 的水溫熬煮 60 分鐘。

加入黃砂糖、味精煮溶以後，靜置至次日。

次日進行過濾，於常溫中靜置 2 天再做使用。

融化的鴨肥肝油脂和鴨胸里肌肉製成真空包裝，以 65℃ 的蒸烤箱加熱 40 分鐘。

油封鴨胸里肌肉

【 材料 】
鴨胸里肌肉⋯3 片、鹽巴⋯適量
胡椒⋯適量、鴨肥肝油脂⋯適量

鴨胸里肌肉雙面撒上鹽巴。只有鴨肉一側還要再撒上胡椒。放置 30 ～ 60 分鐘使其充分入味。

從蒸烤箱裡取出並去掉真空包裝袋，放到明火烤爐裡面將鴨皮炙烤至微焦上色。

264

香煎鴨肥肝

【 材料 】
鴨肥肝（匈牙利產）、鹽巴…適量、砂糖…適量
鴨肥肝油脂…適量、馬德拉酒…適量、三河味醂…適量

鴨肥肝切成2cm厚片狀。不完整的邊角料用於製作油封鴨胸用的油脂。雙面撒上砂糖與鹽巴。

加熱鴨肥肝油脂，雙面香煎鴨肥肝。

倒入馬德拉酒、三河味醂嗆酒，烤焦表面的砂糖使其焦糖化。

過篩用鴨肥肝

【 材料 】
鴨肥肝（西班牙產）…1個（700g）

壓碎鴨肥肝，去掉裡面的血管。

製成真空包裝，以60℃的蒸烤箱加熱25分鐘。

於營業期間隔水加熱做使用。用湯勺舀起來放到網篩上面，用湯勺底部擠壓過篩添加到拉麵上面。

金乃藥膳拉～麵

麵屋武藏 二天 【 商品解說參閱第 227 頁 】

高湯

【 材料（10 人份）】

純淨水…4.5ℓ、高湯昆布…50g、乾香菇…10g（3 朵）
雞翅…2kg、雞腿肉…1kg、豬腿腱肉…1kg
金華火腿…100g、干貝乾…30g（泡發）、蔥…少許
生薑…少許、鱉…2 隻、人參…100g
冬蟲夏草…20g、鹿角靈芝…12g、紅棗…60g
蓮子…30g、龍眼乾…15g、桂皮…5g、丁香…1g

昆布與乾香菇事先冷泡 1 晚。次日開火，快要煮滾之前取出昆布。

煮滾以後放入雞翅、雞腿肉、豬腿腱肉。

撈除浮沫，加入蔥、生薑熬煮 90 ～ 120 分鐘。若水位下降則加水補足。

將燙過 1 遍的鱉、金華火腿、泡發的干貝、人參、冬蟲夏草、鹿角靈芝、紅棗、蓮子、龍眼、桂皮、丁香放到過濾好的步驟 2 裡，蓋上保鮮膜，用蒸烤箱蒸上 120 分鐘。

過濾出來的高湯加入少許太白芝麻油，用食物調理機攪打至乳化。

蒸好以後進行過濾。過濾時不擠壓食材。過濾出來的冬蟲夏草用於擺盤裝飾。

人參油

【材料】
太白芝麻油…250㎖、人參…20g

太白芝麻油和人參一起製成真空包裝。蒸上 10 分鐘。只取油的部分作為香料油使用。

炸鱉肉丸

【材料】
鱉肉…600g、鹽…5g、日本酒…20㎖、醬油…20㎖
味醂…10㎖、馬鈴薯澱粉…20g
撒在肉丸上面的馬鈴薯澱粉…適量
油炸用油（太白芝麻油）…適量

用菜刀將鱉肉剁成絞肉狀，加入鹽巴、醬油、日本酒、味醂，混拌至整體出現黏性。

分 2 ～ 3 次加入馬鈴薯澱粉，抓拌均勻。

搓成每個 20g 的肉丸。整體撒上馬鈴薯澱粉。

太白芝麻油加熱至 170℃，下鍋油炸鱉肉丸。

麵條

使用添加冬蟲夏草的麵條，以此提高麵條與高湯之間的對味程度。煮麵的時候還會在煮麵水裡加進裝有冬蟲夏草的高湯包，邊煮麵邊吸收冬蟲夏草的香氣與藥效成分。

大閘蟹沾麵

麵屋武藏 蒲田店 【 商品解說參閱第 229 頁 】

剝螃蟹

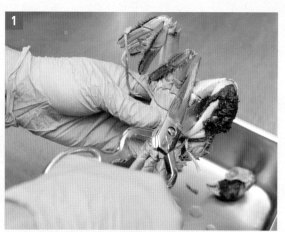

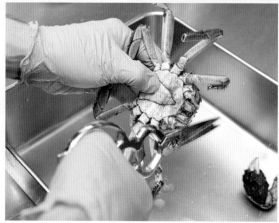

用較大的剪刀剪下蟹腿。

剝除腹甲,將螃蟹身體清洗乾淨,剝開背甲。

剔除心臟、蟹鰓。

取出蟹膏、精囊後，對半剪開蟹身。

剪開蟹腿尖，自蟹腿根部處下刀。

對半剪開的螃蟹身體接著剪成 3 塊，取出蟹殼內側的蟹膏。捨棄胃袋部分。

大閘蟹高湯

【 材料 】
大閘蟹（公）…5 隻份、熱水…300㎖

剝好的大閘蟹放入蒸烤箱裡蒸上 7 分鐘。

271

蒸好的大閘蟹連同調理盤裡的蟹肉湯汁一起用食物調理機攪打至粉碎，以錐形過濾器疊放濾網的組合進行過濾，邊用搗泥器邊擠壓過濾。不添加調味醬，只用鹽巴（以250㎖高湯比4g鹽巴的比例加鹽）調味，完成沾麵醬汁。

沾麵醬汁

【材料】

太白胡麻油…40㎖、生薑（切末）…1 小匙

大閘蟹膏…每人 5 隻大閘蟹的分量、大閘蟹高湯…250㎖

鹽…4g、紹興酒…1 大匙、魚翅…50g

使用不沾鍋，熱油鍋翻炒薑末。炒出香味以後加入蟹膏與紹興酒拌炒。需避免過度加熱。

加入大閘蟹高湯，烹煮至稍微沸騰。

移到略有深度的湯鍋之中，加入鹽巴，以小火加熱的同時，用手持式食物攪拌棒攪打至起泡。

製作出有著如同卡布奇諾奶泡般的沾麵醬汁。煮滾之後即可關火盛盤。

將湯汁倒入放有魚翅的容器當中。

甜醋醃薑

【材料】

生薑⋯500g、紅醋⋯200㎖、黑醋⋯100㎖

味醂（煮滾並揮發掉酒精）⋯200㎖、薄口醬油⋯50㎖

調味料混合到一起煮沸，冷卻以後放入薑絲浸泡。

魚翅

【材料】

魚翅（泡發）⋯500g、薑汁⋯30㎖

紹興酒⋯300㎖、鹽⋯10g

紹興酒、味醂、鹽巴混拌均勻，淋到用生薑、蔥與日本酒燙過1遍的魚翅上面，蓋上保鮮膜蒸上10分鐘。加到沾麵醬汁裡面。

麵條

麵條使用刀切平打麵。煮麵的時候添加1%的鹽水，為麵條增加少許風味。燙煮好以後用流水沖洗維持麵條Q彈口感，接著再過1遍熱水熱麵供應。在即將盛盤送餐前趁熱拌入等比例混合並煮至收汁剩一半的熱紹興酒和味醂。

大閘蟹炒飯

【 材料（10 人份） 】

雞蛋…2 顆、白飯…2 杯、鹽…少許

大閘蟹腿肉…適量（1 人份 4 ～ 5 條的分量）

大閘蟹殼肉…10 隻份量、生薑（切末）…少許

中式炒鍋熱油鍋，倒入打散的雞蛋，接著放上白飯。

整體翻炒均勻，撒上鹽巴。

加入蒸熟的蟹腿肉翻炒。1 人份約添加 4 ～ 5 條蟹腿的份量。

少量添加蟹膏、薑末，整體翻炒均勻。

沿著鍋邊加油，甩動炒鍋全面翻炒。盛放到大閘蟹的背甲裡面，以烤箱加熱後提供。

金乃可可拉～麵

麵屋武藏 神山 【 商品解說參閱第 231 頁 】

法式鹿肉清湯

【 材料 】
蝦夷鹿（骨）…5kg、蝦夷鹿（筋）…12kg、紅酒…7.5ℓ
昆布水…10ℓ（水 10ℓ、利尻昆布 85g）、蝦夷鹿絞肉…7kg
蛋白…600g、芹菜…80g、紅蘿蔔…160g、洋蔥…160g
粗粒黑胡椒…少許

烤好的鹿骨、鹿筋和紅酒、昆布冷泡水一起倒進大湯鍋裡熬煮。煮滾以後撈除浮沫，小火～中火熬上 12 ～ 13 小時。

鹿骨剁成一半。鹿筋切成適當大小。不重疊地平鋪到抹上沙拉油的烤盤裡面，以 160℃ 的烤箱烹烤大約 1 小時。

3

期間多次撈除浮沫。中途一邊加水一邊熬煮至水位下降至 22ℓ 標示處。

4

用錐形過濾器與濾網夾住廚房紙巾的組合進行過濾。放涼以後刮除表面凝固的油脂。

5

在調理盆中攪打一半分量的蛋白。加入芹菜、紅蘿蔔、洋蔥片混拌均勻。

6

將步驟 **5** 加到一半的蝦夷鹿絞肉裡抓拌均勻。充分攪拌至出現黏性。

7

將冷卻好的步驟 **4** 少量添加到步驟 **6** 裡面抓拌均勻。

開大火熬煮。由於鍋底容易燒焦，所以要邊攪拌邊熬煮。

攪拌至沸騰以後，撥開上層絞肉中央撈除浮沫。鍋中高湯對流穩定之後，轉為小火煮上 3 小時。期間多次撈除浮沫。

關火。若浮在上層的絞肉下沉，連同澄清液的部分也一起快速過濾。冷卻以後除去澄清液的油脂。

剩餘的蛋白和蝦夷鹿絞肉混拌均勻，邊攪拌邊加到步驟 10 的高湯裡面熬煮，製作成雙法式清湯。一邊撈除浮沫，一邊撥開上層絞肉中央讓內部對流穩定，熬煮 3 小時。若絞肉下沉則連同澄清液一同過濾。過濾的時候在濾網與濾網之間夾上撒有粗粒黑胡椒的廚房紙巾，在過濾的同時添加黑胡椒風味。冷卻以後，撈除表層凝固的油脂。

冷卻以後會凝固成果凍狀。為了製作出具有透明感的法式鹿肉清湯，採用雙法式清湯的作法，在第 2 次加入蝦夷鹿絞肉的時候，不添加蔬菜，維持鹿肉與可可脂本身的風味。

可可脂風味鹿里肌肉叉燒

【材料】

蝦夷鹿里肌肉…1 條（300 ～ 400g）、味醂（煮滾並揮發掉酒精）…50㎖、鹽…少許、可可脂…30㎖、沙拉油…適量

蝦夷鹿里肌肉撒上鹽巴，靜置 30 分鐘。不撒胡椒。

沙拉油燒熱以後大火煎肉，加入可可脂香煎整體表面。

隔水加熱融化可可脂。味醂煮滾並揮發掉酒精。將煎好的蝦夷鹿里肌肉和可可脂、味醂一同製成真空包裝。

用蒸烤箱的 62℃ 燜蒸模式加熱 30 ～ 40 分鐘。放涼以後薄切成 8 mm 厚的肉片。

4 片薄切蝦夷鹿里肌叉燒分別擺放上鹽巴、鹽巴與黑胡椒、鹽巴與陳皮、鹽巴與抹茶粉，疊起來盛放到拉麵上面盛盤。

麵條

麵條使用的是揉入了榨完可可脂的烘焙可可碎粒殘渣的中細直麵。

香料油

2019 年「金乃可可拉～麵」所採用的可可脂是從原材料開始製作而成。用 123℃ 的烤箱烘烤可可碎粒 20 分鐘，再以油壓榨油機榨取可可脂。1kg 的可可碎粒只能榨得 200㎖ 左右的分量。作為香料油使用的可可脂添加量為一人份高湯添加 30㎖。榨取後殘渣還會加以活用，揉到麵條裡面和添加到煮麵水裡增添風味。

煮麵水

煮麵用的水裡會在不影響可可風味的程度下添加 2% 的鹽巴，亦會將可可碎粒裝到茶包袋裡一同放到水裡燙煮。感覺就像是在用可可茶煮可可風味的麵條。

279

海老鮮蔬湯麵

創始　麵屋武藏【商品解說參閱第 009 頁】

高湯

【 材料（鹽巴以 4ℓ 基礎高湯比 50～55g 的比例添加）】
高麗菜…1 顆、下仁田蔥…3 根
洋蔥…3 顆、紅蘿蔔皮…5 根分量、蔬菜邊角料…適量
紅蘿蔔皮（60℃ 烘上 3 小時）…20g、純淨水…6ℓ
高湯昆布…150g、乾燥牛肝菌…20g、乾燥金針菇…20g
蘑菇…10g、番茄乾…30g

次日開火，加入高麗菜、洋蔥、下仁田蔥、蔬菜邊角料、紅蘿蔔皮，
開火加熱。

昆布、乾燥牛肝菌、乾燥金針菇、乾燥蘑菇事先冷泡 1 晚。乾燥青
花菜葉（左下照片）揉碎後，用來最後撒在麵上做擺盤點綴。

邊撈除冒出來的浮沫，邊煮上 60 ～ 90 分鐘。

在即將完成前 30 分鐘加入番茄乾。

6ℓ 熬煮至水位下降至 4ℓ 後，過濾。過濾好以後開火煮滾，加入乾燥紅蘿蔔皮。套用追加鰹魚柴魚的概念，加入乾燥紅蘿蔔皮就立即關火，靜置 10 分鐘以後過濾。

香料油

【材料】
玄米油…300mℓ、純橄欖油（Pure Olive Oil）…150g
紅辣椒（去籽）…5 根

以玄米油 2：純橄欖油 1 的比例混合，熬煮去籽辣椒。因為是重視香氣的香料油，所以不保留種籽。

擺盤用～醃漬蔬菜

白蘿蔔、小黃瓜切成 1 ㎝ 丁狀以後，放到 2% 的鹽水裡浸泡 30 分鐘。

擺盤用～拌炒牛蒡

牛蒡切成 1 cm 丁狀，用醬油 1½ 小匙、辣椒 1 根（切成圈狀）和芝麻油 1 小匙拌炒至煮熟。

擺盤用～水煮豇豆

長豇豆用鹽水煮熟。

擺盤用～乾燥番茄

迷你番茄對半切開，稍微撒上鹽巴，用 80℃ 的蒸烤箱加熱 90 分鐘。

擺盤用～炒蔬菜

用玄米油拌炒切成 2 cm 寬的皺葉小松菜與切成丁狀的甜椒（紅與黃），並僅以鹽巴調味。

擺盤用～水炒蘿蔔

紅蘿蔔、紫蘿蔔、黃蘿蔔切成 1 cm 丁狀以後，放入鍋中以少量的水和 2 小撮鹽巴將蘿蔔煮至水分收乾，以此帶出蘿蔔的甜味。

擺盤用～炸蔬菜

「ノーザンルビー※」、「グウェン※」、「アンデスレッド※」、「北海黃金」四種馬鈴薯和迷你小南瓜切成1cm丁狀後，下鍋油炸，略微撒上鹽。

麵條

使用不含雞蛋的純素食細麵。

※ ノーザンルビー：具紫紅色外皮且果肉粉紅的馬鈴薯品種。
※ グウェン：法國為主產地的馬鈴薯。外型呈長橢圓狀，口感較為紮實。
※ アンデスレッド：外型小而圓，具紅色外皮且果肉鮮黃的馬鈴薯品種。口感綿密鬆軟。

玉露拉～麵

創始　麵屋武藏　【 商品解說參閱第 010 頁 】

玉露茶湯

【 材料 】

玉露茶葉…8 ～ 10g、碎冰…100㎖、昆布高湯…100㎖

東平玉露

全數使用湧泉水。採冰萃法萃取茶湯。玉露茶葉放到濾茶網中，以
50℃ 的熱開水蒸泡 30 秒。拿起濾茶網，放上 100g 湧泉水碎冰。

花上 10 小時萃取茶湯。

雞高湯

【材料】
雞絞肉（去除脂肪與雞皮）…500g、昆布水…2ℓ

雞胸肉去皮並剔除脂肪後製成絞肉。雞絞肉和昆布冷泡水加到一起，開火加熱。浮沫撈除乾淨以後，蓋上保鮮膜放到蒸烤箱裡面蒸上 60 分鐘再進行過濾。稍微蒸煮即可，不熬成濃郁的高湯。

昆布水

【材料】
利尻昆布…50g、水…2ℓ

調配高湯

玉露高湯 2ℓ、雞高湯 1ℓ、昆布水 1ℓ 加到一起，合計 4ℓ 的高湯添加 50～55g 作為炒鹽放到鍋中炒去水分的伯方鹽。高湯每人份 400mℓ。

麵條

考慮到要與玉露茶的細緻風味做搭配，選用不添加鹼水的中粗直麵。每人份 150g。煮麵水裡添加 1% 的鹽巴。沖洗麵條的水不含鹽分，用來在盛盤時浸泡麵條的茶湯則是添加了昆布水 1% 的鹽巴。拉麵碗裡先鋪上蓮葉再盛裝拉麵。

筍乾

採用與「筍拉～麵」（第 242 頁）同種的竹筍，挑選多生長一個月的竹筍水煮後使用。以「麵屋武藏 芝浦店」的叉燒調味醬與昆布冷泡水混合在一起用於調味。

茶香米飯

【材料】
米…3 杯、湧泉水（煮沸過 1 次）…560mℓ
鹽…9g、玉露茶葉渣…適量
（選用產銷玉露茶葉的前島東平先生所栽種的稻米。其稻稈也會用來編成玉露茶葉製程中遮蔽陽光用的草蓆「こも」。）

1 用湧泉水淘洗白米。以網篩瀝去水分。

2 將量好的湧泉水和鹽巴、步驟 **1** 的白米加在一起炊煮。

3 煮好的米飯和茶葉渣混拌在一起。

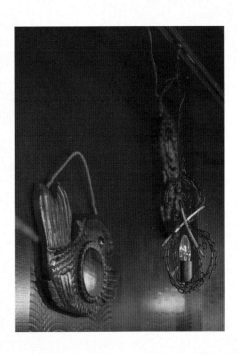

TITLE

麵屋武藏　職人魂究極拉麵調理技法

STAFF

出版	瑞昇文化事業股份有限公司
作者	株式會社麵屋武藏
譯者	黃美玉

創辦人 / 董事長	駱東墻
CEO / 行銷	陳冠偉
總編輯	郭湘齡
責任編輯	張聿雯
文字編輯	徐承義
美術編輯	謝彥如
校對編輯	于忠勤
國際版權	駱念德　張聿雯

排版	曾兆珩
製版	明宏彩色照相製版有限公司
印刷	龍岡數位文化股份有限公司

法律顧問	立勤國際法律事務所　黃沛聲律師
戶名	瑞昇文化事業股份有限公司
劃撥帳號	19598343
地址	新北市中和區景平路464巷2弄1-4號
電話 / 傳真	(02)2945-3191 / (02)2945-3190
網址	www.rising-books.com.tw
Mail	deepblue@rising-books.com.tw
港澳總經銷	泛華發行代理有限公司

初版日期	2024年4月
定價	NT$880／HK$282

ORIGINAL JAPANESE EDITION STAFF

【麵屋武藏25周年紀念委員會】
山田 雄、岩瀬良、梅原映明、大泉翔、大原洋輔、楠見洋平、小林豐史、
齊藤信宏、齊藤德治、齋藤雄太、佐藤健一、佐藤謙太、杉山浩二、
西山元吉、橋本俊介、原彰宏、樋口周作、平山元、紅葉宏行、森山広朗、
矢都木二郎、米澤迅三朗、渡邊茂雄

國家圖書館出版品預行編目資料

麵屋武藏：職人魂究極拉麵調理技法 = Menya
Musashi / 株式會社麵屋武藏作；黃美玉譯. --
初版. -- 新北市：瑞昇文化事業股份有限公司,
2024.04　288面；20.7 X 28公分
ISBN 978-986-401-723-2(平裝)

1.CST: 麵食食譜 2.CST: 日本

427.38　　　　　　　　　　113003689